国家电网公司
STATE GRID
CORPORATION OF CHINA

（2013年版）

国家电网公司
安全隐患排查治理范例

电网规划 调控及信息通信分册

国家电网公司 编

U0393738

中国电力出版社
CHINA ELECTRIC POWER PRESS

内 容 提 要

为了更加有效开展国家电网公司安全生产事故隐患排查治理工作，落实各项安全规章制度，帮助员工直观地辨识隐患危害和明确隐患防范治理措施，国家电网公司安全监察质量部特组织相关单位编写本套书。本套书共分为输电，变电，配电，电网规划、调控及信息通信，发电、煤矿，电力建设，消防、交通及其他 7 个分册。本套书依据国家电网公司《安全隐患排查治理管理办法》的规定，并结合各专业特点，通过举例分析的方法，选取典型的安全隐患排查治理范例共 772 条，且大部分配有图例和文字说明，给出了安全隐患防范治理措施。

本书为《电网规划、调控及信息通信分册》，书中包括典型安全隐患排查治理范例共 106 条，并大部分给出相应图例，图例中包含隐患描述、隐患危害、相关标准要求和防范治理措施。

本书作为电力行业各专业从事安全隐患排查治理的工作人员和管理人员学习与使用，还可作为电力生产一线员工的安全培训教材。

图书在版编目（CIP）数据

国家电网公司安全隐患排查治理范例：2013 年版. 电网规划、调控及信息通信分册 / 国家电网公司编. —北京：中国电力出版社，2013.11（2022.1 重印）
ISBN 978-7-5123-4953-7

Ⅰ. ①国⋯ Ⅱ. ①国⋯ Ⅲ. ①电力工业-工业企业管理-安全管理-中国②电网-电力系统规划-安全管理-中国③电力系统调度-安全管理-中国④电力通信网-安全管理-中国 Ⅳ. ①TM08②TM7

中国版本图书馆 CIP 数据核字（2013）第 227913 号

中国电力出版社出版、发行
（北京市东城区北京站西街 19 号 100005 http://www.cepp.sgcc.com.cn）
北京九天鸿程印刷有限责任公司印刷
各地新华书店经售

*

2013 年 11 月第一版 2022 年 1 月北京第五次印刷
850 毫米×1168 毫米 32 开本 3.125 印张 79 千字
印数15001—15500册 定价 **34.00** 元（含 1DVD）

《国家电网公司安全隐患排查治理范例（2013年版）》

主　任　张建功

副主任　胡庆辉　路寿山　王利群

委　员　陈竟成　杨　军　刘宝升　郭跃进

　　　　王学军　孙为民

编　写　组

主　编　王学军

副主编　孙为民

审　核　赵水业　冯林杨　苗文勇

成　员　沈茂东　杨　琳　夏　涛　虞良荣

　　　　谢　达　熊先亮　房贻广　林礼健

　　　　李洪彬　王昭君　兰宝杰　李　钢

　　　　郭学文　兰　鹏　杨宝杰　刘会战

　　　　郭书雷

前　言

　　安全隐患排查治理是落实"安全第一、预防为主、综合治理"方针、夯实安全生产基础的重要任务。长期以来，国家电网公司（简称公司）高度重视安全隐患排查治理工作，按照国务院和国家有关部门工作要求，以"全覆盖、勤排查、快治理"为导向，以"建机制、查隐患、防事故"为主线，制定了管理制度，明确了工作流程，从电网规划、施工建设、运行检修、调度控制、营销服务、应急处置等各个环节，从管理制度、人员行为、设施设备、外部环境等多角度开展安全隐患排查，治理了一大批安全隐患，有力保障了电网安全运行。

　　2010 年，公司首次印发了《国家电网公司安全生产事故隐患范例（一）》，对基层单位安全隐患辨识、定级等工作起到了很好的指导作用。近年来，国家有关部门对安全隐患排查范围、隐患定级标准及管理工作提出了新要求，同时公司也积累了很多隐患排查治理工作经验。为进一步指导基层单位开展好隐患排查治理工作，公司安全监察质量部在收集整理各单位隐患排查治理工作成果的基础上，对 2010 年印发的《国家电网公司安全生产事故隐患范例（一）》进行了修编，修编后形成《国家电网公司安全隐患排查治理范例（2013年版）》[简称《范例》（2013年版）]。《范例》（2013年版）力求覆盖公司安全生产各专业、各领域，采用事例条文和图例说明相结合的形式，通过具体实例，深刻剖析隐患危害后果，提出防范治理措施，帮助电力企业员工更好地理解"什么是隐患"、"隐患如何定级"、"怎样防治隐患"，进一步推动安全隐患排查治理工作规范化、长效化。

《范例》（2013年版）紧扣公司安全隐患排查治理管理规定，立足公司安全生产实际，参考并收录了大量的具体实例、图片和文献资料。在此，谨向提供这些资料的作者致以深切谢意！同时，感谢国网山东电力集团公司、国网浙江省电力公司、国网重庆市电力公司、国网北京市电力公司、国网河北省电力公司、国网上海市电力公司、国网安徽省电力公司、国网福建省电力有限公司、国网辽宁省电力有限公司、国网黑龙江省电力有限公司、国网陕西省电力公司和鲁能集团有限公司、国网新源控股有限公司等单位的大力支持。

《范例》（2013年版）可作为广大电力企业员工从事安全隐患排查治理工作的辅助工具和参考资料，希望能为大家提供更多启发和借鉴。由于编者的业务水平及工作经验所限，书中难免有疏漏或不妥之处，敬请广大读者提出宝贵意见。

编　者

二〇一三年九月

编写与使用说明

一、编写背景

《国家电网公司安全生产事故隐患范例（一）》（安监二〔2010〕68号）自2010年6月印发执行以来，给国家电网公司（简称公司）系统各单位安全隐患排查治理工作提供了有力的指导，得到了公司基层单位管理人员和技术人员的认可，有效推动了事故隐患排查治理工作地开展。

随着隐患排查治理工作不断深入，公司结合"三集五大"体系建设，修订颁发了《国家电网公司安全隐患排查治理管理办法》（国家电网安监〔2012〕1532号），各单位在隐患排查中积累了许多好的经验，并且都对2010年的《国家电网公司安全生产事故隐患范例（一）》进一步修改完善提出了迫切需求。因此，国网安质部组织并委托国网山东电力集团公司牵头，国网北京市电力公司、国网河北省电力公司、国网冀北电力有限公司、国网浙江省电力公司、国网上海市电力公司、国网安徽省电力公司、国网福建省电力有限公司、国网湖北省电力公司、国网重庆市电力公司、国网辽宁省电力有限公司、国网黑龙江省电力有限公司、国网陕西省电力公司和鲁能集团有限公司、国网新源控股有限公司等单位配合，广泛收集各单位的建议和意见，组织专家进行修订、增补和梳理，增加了更多的隐患排查治理实例，并收集了一批工作图片或照片，希望借助举例分析的方式，帮助大家更加直观地辨识隐患危害，更加方便基层单位结合实际开展安全隐患排查和治理，给从事安全隐患排查治理工作人员提供一份有益的学习素材。

二、编写依据

一是国家、电力行业及公司有关安全隐患排查治理法律法规、制度和管理规定等，特别是安全隐患定义、定级的阐述和判定条款，并将可能导致的事故后果作为是否列入安全隐患范例的基本判据。

二是公司各单位安全隐患排查治理工作成果。对各单位近年来排查发现并上报的安全隐患信息，通过汇总、归纳和分析，选取部分典型样本进行编写。

三、使用说明

（一）分册组成

本次撰写、收录安全隐患排查治理典型范例共计 772 条，分七个分册。具体如下：

（1）输电分册，收录安全隐患排查治理范例 96 条。

（2）变电分册，收录安全隐患排查治理范例 129 条。

（3）配电分册，收录安全隐患排查治理范例 48 条。

（4）电网规划、调控及信息通信分册，收录电网规划专业安全隐患排查治理范例 35 条，调控专业安全隐患排查治理范例 52 条，信息通信专业安全隐患排查治理范例 19 条。

（5）电力建设分册，收录电力建设施工作业安全隐患排查治理范例 73 条。

（6）发电、煤矿分册，收录发电专业安全隐患排查治理范例 18 条，煤矿安全隐患排查治理范例 249 条。

（7）消防、交通及其他分册，收录消防安全隐患排查治理范例 25 条，交通安全隐患排查治理范例 10 条，其他安全隐患范例 18 条。

上述 772 条隐患范例仅为部分典型实例，摘要引用以指导工作，并未穷尽各专业工作中可能出现的各类隐患。

本次编写过程中，结合有关专业特点，在《国家电网公司安全隐患排查治理管理办法》的基础上，进一步补充了细类、子类等类别划分。为方便使用，对部分专业隐患所属分册进行了适当调整，例如：将"通信"从原"调度及二次系统"调整到"电网规划、调控及信息通信分册"

中，将"输、变、配电施工"从原"输电"、"变电"、"配电"集中调整到"电力建设分册"中。另外，考虑电子查询需求，本次出版同时提供光盘。

（二）内容构成

为贴近日常工作需要，增加了大量的图例和文字说明，结合隐患档案表填报和管理要求，提出了隐患防范治理措施参考建议。另外，针对一些短期内难以立即整改的隐患，从电网建设、设备改造、加强监控等角度提出近期防控和远期治理措施。

每个分册由范例一览表和图例两部分组成，其中范例大部分配有图例进行直观、补充表述，并与图例在编号和内容上一一对应，少部分范例（较简单的或暂未收集到照片的）无对应图例。

（三）规程引用

范例中采用的有关技术规程、标准和管理规定，由于选用样本具有一定的历史因素，因此，在工作中要注意查新并结合实际。

（四）隐患评估定级

在安全隐患排查工作中，使用本书时，安全隐患内容描述需结合具体情况进行分析，不能在评估、判断安全隐患等级时生搬硬套。各单位需结合实际，依据《国家电网公司安全事故调查规程》和有关规程规定，评估可能造成的事故后果，进行具体分析、判断后确定相应隐患等级。公司安全隐患等级划分见表1。

表1 公司安全隐患等级划分

序号	等级划分	可能造成的后果
1	重大事故隐患	1）1～4级人身事件； 2）1～3级电网和设备事件； 3）5级信息系统事件； 4）交通重大、特大事故
2	一般事故隐患	1）5～7级人身事件； 2）4～7级电网和设备事件； 3）6～7级信息系统事件； 4）交通一般事故
3	安全事件隐患	1）8级人身事件； 2）8级电网和设备事件； 3）8级信息系统事件； 4）交通轻微事故

（五）隐患治理措施制定

本书所列举的安全隐患防范治理措施，是根据文中特定情况下所描述的安全隐患而建议采取的一般措施，仅为指导和参考，在实际应用时务必充分考虑电网、设备、人员、管理和环境等因素现状及其变化趋势，从而制定具有针对性、操作性的治理措施，绝不可照抄照搬。

安全隐患一经确定，隐患所在单位应立即采取控制措施，根据隐患具体情况和急迫程度，及时制定治理方案或措施，抓好隐患整改，做到责任、措施、资金、期限和应急预案"五落实"，尽一切可能迅速消除隐患，防止事故发生。

目　录

前言
编写与使用说明

木匠的房子

哲理小故事

一个上了年纪的木匠准备退休了，他告诉雇主，想和他的老伴过一种更加悠闲的生活，他虽然很留恋那份报酬，但他该退休了。雇主看到他的好工人要走感到非常惋惜，就问他能不能再建一栋房子，就算是给他个人帮忙。木匠答应了，可是木匠的心思已经不在干活上了，不仅手艺退步，而且还偷工减料。

木匠完工后，雇主来了，他拍拍木匠的肩膀，诚恳地说："房子归你了，这是我送给你的礼物。"木匠感到十分震惊：太丢人了呀……要是他知道是在为自己建房子，他干活儿的方式就会完全不同了……

其实，在日常生活中，我们时刻都是这样的木匠……

每天你打一颗钉子、放一块木板、垒一面墙……但往往没有竭尽全力……终于，你吃惊地发现，你不得不住在自己建的房子里……如果可以重来……但你已无法回头。

人生就是一项自己做的工程。

我们今天做事的态度，决定明天住的房子。
但愿不要成为那个木匠！

感悟和启示

　　其实我们每时每刻都在为自己建造着生命的归宿，你的生活是你一生唯一的创造，且只有一次机会，是否卓越全靠你自己的创造。

　　排查治理安全隐患同样要有精益求精、追求卓越的敬业态度，敬重你的工作，把它当成自己的事业，融入责任感和使命感，用你的智慧好好干吧！只要用心，你定会造出一幢无安全隐患的牢固且美丽的房子！

电网规划专业

一、范例

电网规划安全隐患排查治理范例一览表见表 1-1。

表 1-1 电网规划安全隐患排查治理范例一览表

编号	子类	分级	范 例	说 明
001		重大	330kV 及以上变电站或 220kV 枢纽变电站虽为双电源但同塔双回架设,且电源进线地处采空区、洪涝区、微气象区等,尚未采取有效的应对措施,易发生线路倒塔断线,造成变电站全站失压	
002			变电站所有进线(或出线)途经某处采空区、洪涝区、微气象区等,易发生线路倒塔断线	
003			某回线路跨越某一变电站所有进线(或出线),该线路断线,可能造成此变电站同一电压等级的所有进线(或出线)跳闸	
004	1. 选址	一般	变电站所有进线(或出线)途经某处工地、大棚等,易受到外力破坏,造成所有进线(或出线)跳闸	事故案例:110kV ××Ⅰ线因大风刮起异物(塑料编织袋)搭在导线上,造成 110kV ××线 6 号塔 A、B 相故障,造成 330kV ××变电站因 2 号主变压器中压线圈受损,断路器跳闸的一般电网事故
005			110kV 及以上输电线路路径选择在可能引起杆塔倾斜塌陷区段;严重覆冰地段;强雷电区;严重污秽区及强风路径区域等	事故案例:受雨雪冰冻灾害天气影响,××超(特)高压运检公司 500kV 布坡Ⅰ、Ⅱ线冰灾倒塔跳闸,重合不成功的五级设备事故
006			35kV 及以上变电站选址选择在滑坡、泥石流、河塘、塌陷区和地震断裂带等不良地质构造地段	

隐患险于明火,防范胜于救灾,责任重于泰山

编号	子类	分级	范 例	说 明
007	2.电源	一般	××地区电网 220kV××输电线路输送电力达到受端系统最大负荷的 18%,当线路被迫停运后影响电网安全运行和可靠供电,可能造成电力平衡关系破坏,严重时引起电网稳定问题	《国家电网公司十八项电网重大反事故措施(修订版)》2.1.1.1 合理规划电源接入点。受端系统应具有多个方向的多条受电通道,电源点应合理分散接入,每个独立输电通道的输送电力不宜超过受端系统最大负荷的 10%～15%,并保证失去任一通道时不影响电网安全运行和受端系统可靠供电
008			风电增长总容量超出电网消纳能力,造成电网运行频率和电压偏差调整困难,或超过规定值	
009			××供电公司风电集中上网,盛风期 220kV××变电站若发生主变压器 N-1 故障,将造成主变压器过负荷跳闸,引起风电机组大量脱网,导致电网稳定破坏	《国家电网公司十八项电网重大反事故措施(修订版)》2.1.3.3 加强风电集中地区的运行管理、运行监视与数据分析工作,优化电网运行方式,制订防止风电机组大量脱网的反事故措施,保障电网安全稳定运行
010	3.网架结构	一般	110kV 重要变电站或 220kV 变电站单电源,不满足 N-1 要求	
011			单电源 110kV 变电站"备自投"采用非典型设计,当电源失之后,将造成变电站全停,供电可靠性差	
012			××220kV 变电站两条电源线全部来自于××变电站,当××变电站发生 220kV 母线失电时,会造成××变电站全站停电	
013			××220kV 变电站为辐射性单电源单主变压器供电,不能满足 N-1 要求	

编号	子类	分级	范 例	说 明
014			××220kV 变电站 220kV 母线为单母接线，若发生永久性故障，可能导致与电网解列，机组跳闸，造成部分地区停限电	
015			××单位 4 座 220kV 变电站负荷通过两回线送出，任一回线掉闸，将形成单回线带 4 座变电站，电网结构薄弱	
016			××220kV 变电站为单主变压器，一旦主变压器发生永久性故障，可能使部分地区停限电，不能满足重要用户可靠供电	
017			××市 220kV××变电站担负城区全部负荷，两回主供电源来自同一变电站且为同一走向，若上级变电站或两回线路故障，可能造成变电站全停	N–1 校核后达到《电力安全事故应急处置和调查处理条例》一般事故标准
018	3. 网架结构	一般	××220kV 变电站两条电源线全部来自于××站（双母线双分段接线结构）分段开关同一侧母线或 3/2 接线 220kV 同一串接线，当××站发生 220kV 同一侧母线失电或 3/2 接线 220kV 同一串故障跳闸时，会造成××站全站停电	
019			多个变电站采用串供接线供电方式，其中任一变电站全停，将导致其下级的所有变电站全停	
020			变电站内仅有一台变压器，并且该台主变压器所供地区负荷（或用户数）占总用电负荷（或用户数）比例高，已经达到隐患事故等级的比例。正常方式下发生该台变压器故障或其他故障，会造成该台变压器停运，直接导致电网减供负荷（或供电用户停电）的比例达到隐患事故等级	
021			电网的重要断面由两个及以上输电通道构成，当其中一个输电通道故障跳闸，引起其他输电通道过负荷，并直接导致电网减供负荷（或供电用户停电）的比例达到隐患事故等级	

防微杜渐，未雨绸缪

编号	子类	分级	范　例	说　明
022			由两台以上变压器对某一地区负荷供电,当其中一台变压器故障停运,引起其他变压器过荷,并直接导致电网减供负荷(或供电用户停电)比例达到隐患事故等级	
023			某一变电站的上级电源来自同一变电站的不同母线,当发生上级变电站全停,导致该变电站全停	
024			虽然 3 个以上变电站构成环网,但各变电站之间仅通过单回输电线路(或同杆架设的多回输电线路)联络,在检修方式下重新构成串供接线供电方式	
025	**3. 网架结构**	一般	变电站内某一级电压等级为双母线接线方式,其中一条母线检修方式下发生另一条母线故障或其他故障,会造成该电压等级母线全停	
026			变电站内某一级电压等级为单母线接线方式,正常方式下发生母线故障或其他故障,会造成该电压等级母线全停	
027			电网存在 750(500)/330(220)kV 电磁环网,由于电磁环网的存在限制了电网的输送能力,或者部分电磁环网的存在导致相关负荷中心厂(站)短路电流超过电网设备承受水平	
028			××电磁环网,若高电压等级通道发生故障全部失却,低电压等级主变压器及输电通道线路过负荷	
029	**4. 负荷超载**	一般	高电压等级电网设备发生安全故障,造成低电压等级电网设备过负荷,并直接导致电网减供负荷(或供电用户停电)比例达到隐患事故等级	
030			500kV 变电站大负荷期间主变压器负荷率高于规定值(约 85%),或 $N-1$ 方式下过负荷约 20% 及以上	

编号	子类	分级	范 例	说 明
031			大负荷期间××500kV 变电站主变压器负荷率过高（约 85%），$N-1$ 过负荷约 20%	
032			正常情况下 220kV 变电站主变压器负荷率均在 80%以上，难以满足负荷发展的需求	
033			变电站内某一级电压等级为单母线接线方式，并且该母线所供地区负荷（或用户数）占总用电负荷（或用户数）比例高，已经达到隐患事故等级的比例。正常方式下发生母线故障或其他故障，会造成该电压等级母线全停，直接导致电网减供负荷（或供电用户停电）的比例达到隐患事故等级	
034	4. 负荷超载	一般	变电站内某一级电压等级为双母线接线方式，并且该电压等级的母线所供地区负荷(或用户数)占总用电负荷(或用户数)比例高，已经达到隐患事故等级的比例。其中一条母线检修方式下发生另一条母线故障或其他故障，会造成该电压等级母线全停，直接导致电网减供负荷（或供电用户停电）的比例达到隐患事故等级	
035			变电站内有两台变压器，并且两台主变压器所供地区负荷（或用户数）占总用电负荷（或用户数）比例高，已经达到隐患事故等级的比例。其中一台变压器检修方式下发生另一台变压器故障或其他故障，会造成该变电站所有变压器全部停运，直接导致电网减供负荷（或供电用户停电）的比例达到隐患事故等级	

发现一个隐患，消除一类隐患

二、图例

1. 选址（见表2-1～表2-3）

表 2-1　　　　　　　　选址安全隐患排查治理图例1

隐患大类：电网规划	编号：001	隐患子类：选址	隐患分级：重大

隐患范例：330kV 及以上变电站或 220kV 枢纽变电站虽为双电源但同塔双回架设，且电源进线地处采空区、洪涝区、微气象区等，尚未采取有效的应对措施，易发生线路倒塔断线，造成变电站全站失压

未采取措施的采空区

图 2-1　未采取措施的采空区

隐患大类：电网规划	编号：001	隐患子类：选址	隐患分级：重大

隐患危害： 可能造成杆塔倒杆断线，引起大面积停电，导致六级以上电网或设备事件

相关标准要求：

（1）DL/T 741—2010《架空输电线路运行规程》6.2.3 规定：检查杆塔、拉线基础有无以下缺陷、变化或情况：杆塔倾斜、主材弯曲、地线支架变形、塔材、螺栓丢失、严重锈蚀、脚钉缺失、爬梯变形、土埋塔脚等；混凝土杆未封杆顶、破损、裂纹等。拉线金具等被拆卸、拉线棒严重锈蚀或蚀损、拉线松弛、断股、严重锈蚀、基础回填土下沉或缺土等。

（2）中华人民共和国国务院令第 239 号《电力设施保护条例》第十四条规定：任何单位或个人、不得在杆塔、拉线基础的规定范围内取土、打桩、钻探、开挖或倾倒酸、碱、盐及其他有害化学物品。

（3）《电力设施保护条例实施细则》第十条规定"任何单位和个人不得在距电力设施周围 500m 范围内（指水平距离）进行爆破作业。因工作需要必须进行爆破作业时，应当按国家颁发的有关爆破作业的法律法规，采取可靠的安全防范措施，确保电力设施安全。并征得当地电力设施产权单位或管理部门的书面同意，报经政府有关管理部门批准"。

防范治理措施：

（1）近期防范治理措施：组织车间对 330kV 以上及 220kV 枢纽变电站周围的环境进行检查，对有施工苗头的，要立即和业主单位和施工单位进行协调。由于此类变电站为政府重点部位，应及时正式函告属地公安机关、政府主管部门，并请求协助解决。负责该段输电线路或变电站运行维护的车间立即派人蹲守，并做好音像取证工作和蹲守记录。

（2）中远期防范治理措施：制定计划，迁移线路

注：编号 001 对应于范例中表 1-1 的编号 001，余同。

事故隐患常找，安全警钟长鸣

隐患大类：电网规划	编号：005	隐患子类：选址	隐患分级：一般

隐患范例： 110kV 及以上输电线路路径选择在可能引起杆塔倾斜塌陷区；严重覆冰地段；强雷电区；严重污秒区及强风路径区域等

图 2-2   严重覆冰的输电铁塔

隐患危害： 可能造成线路覆冰倒塔跳闸

相关标准要求： 根据 Q/GDW 270—2009《220 千伏及 110（66）千伏输变电工程可行性研究内容深度规定》7.2.2 送电线路路径选择，应充分考虑自然条件、水文气象条件、地质条件、交通条件、城镇规划、重要设施、重要交叉跨越等

防范治理措施：
（1）近期防范治理措施：加强对输电线路的巡视，对于重冰区的线路段，在线路覆冰期间，应缩短巡视周期，增加特巡次数，并安排专人每天观测线路覆冰状况。做好防雷击措施。
（2）中远期治理措施：时机成熟时，线路改造

表 2-3 **选址安全隐患排查治理图例 3**

隐患大类：电网规划	编号：006	隐患子类：选址	隐患分级：一般

隐患范例： 35kV 及以上变电站选址选择在滑坡、泥石流、河塘、塌陷区和地震断裂带等不良地质构造地段

图 2-3　35kV 变电站周围地势滑坡严重

隐患危害： 滑坡、泥石流等地质灾害造成对变电站设备的损害，可能导致全站失压

相关标准要求： 根据 Q/GDW 270—2009《220 千伏及 110（66）千伏输变电工程可行性研究内容深度规定》中 7.7.3 规定：变电站选址，了解站址及附近地区的不良地质现象，并对其危害程度和发展趋势作出判断，提出防止措施的建议

防范治理措施：
（1）近期防范治理措施：加强巡视，密切关注天气变化导致的地质灾害，采取固坡等防护措施。
（2）中远期防范治理措施：提出可行方案，结合城市规划和土地规划政策，对变电站进行搬迁

居安要思危，有备才无患

2. 网架结构（见表2-4～表2-12）

表2-4   **网架结构安全隐患排查治理图例1**

隐患大类：电网规划	编号：010	隐患子类：网架结构	隐患分级：一般

隐患范例： 110kV 重要变电站或 220kV 变电站单电源，非线路变压器组不满足 $N-1$ 要求

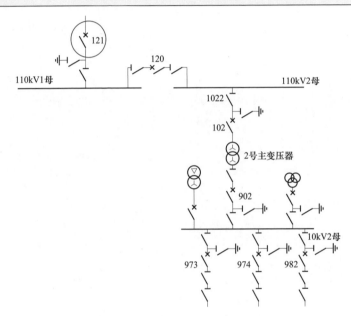

图 2-4   110kV 重要变电站单电源接线图

隐患危害： 如遇事故跳闸，将造成 110kV 重要变电站或 220kV 变电站全站停电

相关标准要求： 根据 DL 755—2001《电力系统安全稳定导则》4.2 规定：电力系统静态安全分析指应用 $N-1$ 原则，逐个无故障断开线路、变压器等元件，检查其他元件是否因此过负荷和电网低电压，用以检验电网结构强度和运行方式是否满足安全运行要求

防范治理措施：
（1）近期防范治理措施：制定单主变压器运行方式下的事故应急预案，加强对变压器巡视力度，密切注意负荷及变压器温度的变化。
（2）中远期防范治理措施：尽快投入第二台主变压器，满足电网 $N-1$ 原则的要求

表 2-5　　　　　　　　网架结构安全隐患排查治理图例 2

隐患大类：电网规划	编号：011	隐患子类：网架结构	隐患分级：一般

隐患范例： 单电源 110kV 变电站 "备自投" 采用非典型设计

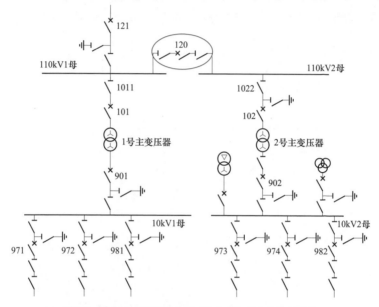

图 2-5　单电源 110kV 变电站 "备自投" 采用非典型设计

隐患危害： 当电源失去之后，将造成变电站全停，供电可靠性差

相关标准要求：

根据 GB 50062—2008《电力装置的继电保护和自动装置设计规范》第 11.0.1 条的要求：下列情况应装设备用电源或备用设备的自动投入装置：

（1）由双电源供电的变电站和配电站，其中一个电源经常断开作为备用。

（2）发电厂、变电站内有备用变压器。

（3）接有 I 类负荷的由双电源供电的母线段。

（4）含有 I 类负荷的由双电源供电的成套装置。

（5）某些重要机械的备用设备

防范治理措施：

（1）近期防范治理措施：制定单电源下的事故应急预案，加强对变压器巡视力度，密切注意负荷及变压器温度的变化。

（2）中远期防范治理措施：对变电站进行双电源及备自投改造

最大的隐患就是不知道隐患

表 2-6 **网架结构安全隐患排查治理图例3**

隐患大类：电网规划	编号：012	隐患子类：网架结构	隐患分级：一般

隐患范例：××220kV 变电站两条电源线全部来自××500kV 变电站，当××500kV 变电站发生 220kV 母线失电时，会造成××220kV 变电站全站停电

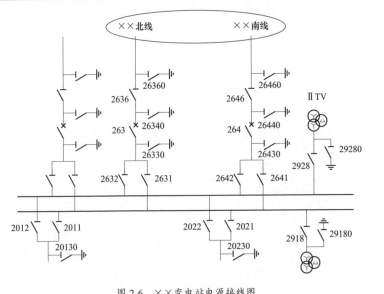

图 2-6　××变电站电源接线图

隐患危害：造成下一级变电站全站失电，从而扩大停电范围

相关标准要求：DL 755—2001《电力系统安全稳定导则》2.1.2 合理的电网结构是电力系统安全稳定运行的基础。在电网的规划设计阶段，应当统筹考虑，合理布局。电网运行方式安排也要注重电网结构的合理性。合理的电网结构应满足如下基本要求：
（1）能够满足各种运行方式下潮流变化的需要，具有一定的灵活性，并能适应系统发展的要求；
（2）任一元件无故障断开，应能保持电力系统的稳定运行，且不致使其他元件超过规定的事故过负荷和电压允许偏差的要求

防范治理措施：
（1）近期防范治理措施：加强电源线的巡视检查、做好事故预想，减少设备的缺陷、隐患。当其中一条电源线路故障或检修时，做好另一条单线路运行的事故预案，当两条线路均故障时，最快恢复供电。
（2）中远期防范治理措施：根据需要对电网进行改造，接入可靠的第二电源

发现一个隐患，消除一类隐患

表 2-7 网架结构安全隐患排查治理图例 4

隐患大类：电网规划	编号：013	隐患子类：网架结构	隐患分级：一般

隐患范例： ××220kV 变电站为辐射性单电源单主变压器供电，不能满足 $N-1$ 要求

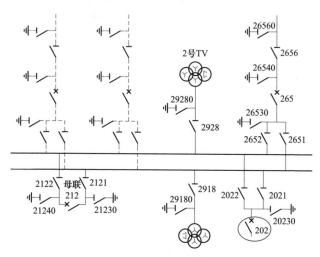

图 2-7 ××220kV 变电站接线图

隐患危害： 一旦发生故障，将引发大面积停电事故

相关标准要求： DL 755—2001《电力系统安全稳定导则》2.1.3 在正常运行方式下（含计划检修方式）下，系统中任一元件（发电机、线路、变压器、母线）发生单一故障时，不应导致主系统非同步运行，不应发生频率崩溃和电压崩溃

防范治理措施：
（1）近期防范治理措施：加强变电站内设备巡视，不得因为其他原因扩大事故造成主变压器跳闸，当电源线路故障时尽快查明原因恢复供电。不得出现恶性误操作事故。
（2）中远期防范治理措施：根据变电站内地理条件及供电要求，对变电站内进行扩建，达到双电源及 2 台以上的主变压器运行，确保供电可靠性

全覆盖，勤排查，快治理

表 2-8

网架结构安全隐患排查治理图例 5

隐患大类：电网规划	编号：014	隐患子类：网架结构	隐患分级：一般

隐患范例：××500kV 变电站 220kV 母线为单母接线，若发生永久性故障，可能导致与电网解列，造成部分地区停限电

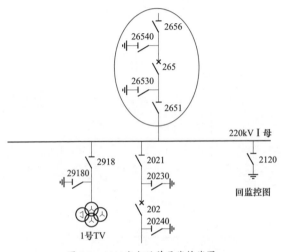

图 2-8　××变电站单母线接线图

隐患危害：可能造成全站失电或损失负荷

相关标准要求：根据 Q/GDW 204—2009《220kV 变电站通用设计规范》4.1.1.1 规定：220kV 配电装置，当在系统中居重要地位、出线回路数为 4 回及以上时，宜采用双母线接线；当出线和变压器等连接元件总数为 10～14 回时，可在一条母线上装设分段断路器，15 回及以上，在两条主母线上装设分段断路器；宜可根据系统需要将母线分段

防范治理措施：
（1）近期防范治理措施：加强变电站内及线路设备的巡视，发现缺陷及时处理，减少倒闸操作的机会，不得因操作或其他设备的原因造成 220kV 母线越级故障。
（2）中远期防范治理措施：根据变电站内地理条件及供电要求，对变电站内进行扩建，实现 220kV 双母线运行，确保供电可靠性

表 2-9 网架结构安全隐患排查治理图例 6

隐患大类：电网规划	编号：015	隐患子类：网架结构	隐患分级：一般

隐患范例：××单位 4 座 220kV 变电站负荷通过两回线送出，任一回线掉闸，将形成单回线带 4 座变电站，电网结构薄弱

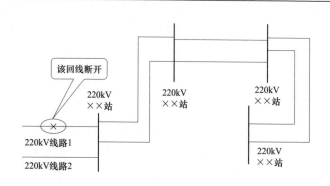

图 2-9 4 座 220kV 变电站接线图

隐患危害：如遇事故跳闸，将造成大面积停电及重要用户停电的事故

相关标准要求：根据 DL 755—2001《电力系统安全稳定导则》4.2 规定：电力系统静态安全分析指应用 N–1 原则，逐个无故障断开线路、变压器等元件，检查其他元件是否因此过负荷和电网低电压，用以检验电网结构强度和运行方式是否满足安全运行要求

防范治理措施：
(1) 近期防范治理措施：当一条线路失电时，应该对另一条线路开展特殊巡视、测温等工作，严格监视好负荷、电流，当过负荷运行时及时与相应调度联系降低负荷，同时尽快恢复掉电线路的正常运行。
(2) 中远期防范治理措施：可以考虑到下一变电站选择 3 回线路运行，也可以在下一枢纽变电站考虑在其他地方接入可靠的双电源

◆隐患险于明火，防范胜于救灾，责任重于泰山

表 2-10 **网架结构安全隐患排查治理图例 7**

隐患大类：电网规划	编号：016	隐患子类：网架结构	隐患分级：一般

隐患范例：××220kV 变电站为单主变压器，一旦主变压器发生永久性故障，可能使部分地区停限电，不能满足重要用户可靠供电

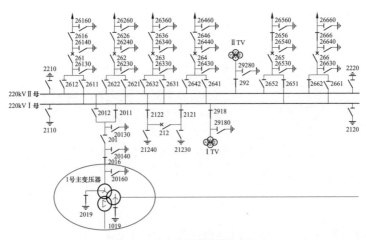

图 2-10 单主变压器接线示意图

隐患危害：一旦主变压器永久性故障，可能发生部分地区停限电事故

相关标准要求：根据 DL 755—2001《电力系统安全稳定导则》4.2 规定：电力系统静态安全分析指应用 N–1 原则，逐个无故障断开线路、变压器等元件，检查其他元件是否因此过负荷和电网低电压，用以检验电网结构强度和运行方式是否满足安全运行要求

防范治理措施：
（1）近期防范治理措施：加强站内设备巡视，不得因为其他原因扩大事故造成主变跳闸，当电源线路故障时尽快查明原因恢复供电。不得出现恶性误操作事故。
（2）中远期防范治理措施：根据站内地理条件及供电要求，对站内进行扩建，达到双电源及 2 台以上的主变压器运行，确保供电可靠性

居安要思危，有备才无患

表 2-11		网架结构安全隐患排查治理图例 8		
隐患大类：电网规划	编号：019	隐患子类：网架结构		隐患分级：一般

隐患范例： 多个变电站采用串供接线方式

图 2-11 4 个 110kV 变电站采用单线串供的接线方式

隐患危害： 如遇事故跳闸，将造成大面积停电及重要用户停电的事故

相关标准要求： 根据 DL 755—2001《电力系统安全稳定导则》4.2 规定：电力系统静态安全分析指应用 N–1 原则，逐个无故障断开线路、变压器等元件，检查其他元件是否因此过负荷和电网低电压，用以检验电网结构强度和运行方式是否满足安全运行要求

防范治理措施：
（1）近期防范治理措施：加强巡视，做好事故预案。
（2）远期防范治理措施：合理规划电网结构，加快坚强电网建设，使变电站实现双电源环网供电

防微杜渐，未雨绸缪

表 2-12 网架结构安全隐患排查治理图例9

隐患大类：电网规划	编号：027	隐患子类：网架结构	隐患分级：一般

隐患范例：电网存在 750（500）/330（220）kV 电磁环网，由于电磁环网的存在限制了电网的输送能力，或者部分电磁环网的存在导致相关负荷中心厂（站）短路电流超过电网设备承受水平

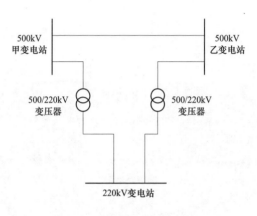

图 2-12　500/220kV 电磁环网图

隐患危害：限制电网输送能力，短路电流超过设备承受水平

相关标准要求：DL 755—2001《电力系统安全稳定导则》2.1.2 合理的电网结果是电力系统安全稳定运行的基础。合理的电网结构应满足如下基本要求：
（1）能够满足各种运行方式下潮流变化的需要，具有一定的灵活性，并能适应系统发展的要求。
（2）合理控制系统短路电流

防范治理措施.
（1）近期防范治理措施：合理安排运行方式，做好事故预案。
（2）中远期防范治理措施：优化电网结构，电磁环网开始运行

最大的隐患就是不知道隐患

3. 负荷超载（见表 2-13、表 2-14）

表 2-13 负荷超载安全隐患排查治理图例 1

隐患大类：电网规划	编号：030	隐患子类：负荷超载	隐患分级：一般

隐患范例： 500kV 变电站大负荷期间主变压器负荷率高于规定值（约 85%），或 $N-1$ 方式下过负荷约 20% 及以上

图 2-13　500kV 变压器

隐患危害： 主变压器长时间处于满负荷或过负荷运行时将影响变压器的绝缘，造成设备损坏

相关标准要求： 根据 DL/T 5222—2005《导体和电器选择设计技术规定》8.0.6 选择变压器容量时，应根据变压器用途确定变压器负荷特性，并参考相关标准中给定的正常周期所推荐的变压器在正常寿命损失下变压器的容量，同时还应考虑负荷发展，额定容量应尽可能选用标准容量系列

防范治理措施：
（1）近期防范治理措施：运行中的变压器经常检查其油温油位的变化，监视负荷情况，有异常时立即与相关调度汇报转移负荷等，做好主变压器的测温工作。
（2）中远期防范治理措施：对主变压器进行增容或增加主变压器

发现一个隐患，消除一类隐患

表 2-14　　　　　　　　　　負荷超载安全隐患排查治理图例 2

隐患大类：电网规划	编号：032	隐患子类：负荷超载	隐患分级：一般

隐患范例： 正常情况下 220kV 变电站主变压器长期重负荷运行

长期重负荷

图 2-14　正在建设的××220kV 变电站解决重负荷情况

隐患危害： N−1 情况下会出现重负荷甚至限负荷情况，如遇事故跳闸，造成大面积停电的事故

相关标准要求： 根据 DL/T 5222—2005《导体和电器选择设计技术规定》8.0.6 选择变压器容量时，应根据变压器用途确定变压器负荷特性，并参考相关标准中给定的正常周期所推荐的变压器在正常寿命损失下变压器的容量，同时还应考虑负荷发展，额定容量应尽可能选用标准容量系列

防范治理措施：
（1）近期防范治理措施：运行中的变压器经常检查其油温油位的变化，监视负荷情况，有异常时立即与相关调度汇报转移负荷等，做好主变压器的测温工作。
（2）中远期防范治理措施：对主变压器进行增容或增加主变压器

全覆盖，勤排查，快治理

袋鼠与笼子

哲理小故事

　　一天，动物园管理员发现袋鼠从笼子里跑出来了，于是开会讨论，一致认为是笼子的高度过低。所以他们决定将笼子的高度由原来的 10 米加高到 20 米。

　　结果第二天，他们发现袋鼠还是跑到外面来，所以他们又决定再将高度加高到 30 米。

　　没想到，隔天居然又看到袋鼠全跑到外面，于是管理员们大为紧张，决定一不做二不休，将笼子的高度加高到 100 米。

　　一天，长颈鹿和几只袋鼠们在闲聊，"你们看，这些人会不会再继续加高你们的笼子？"长颈鹿问。

　　"很难说。"袋鼠说，"如果他们再继续忘记关门的话！"

感悟和启示

　　事有"本末"、"轻重"、"缓急"，关门是本，加高笼子是末，舍本而逐末，当然就不得要领了。管理是什么？管理就是先分析事情的主要矛盾和次要矛盾，认清事情的"本末"、"轻重"、"缓急"，然后从重要的方面下手。

　　排查治理安全隐患同样要注意采取正确的方式和方法，分清主次，理顺轻重缓急，找出木桶中最短的那块木板，制定有针对性的防范措施，迅速加以补强、整改并使之闭环，相信你会取得期望的成果。

哲理小故事

调控专业

一、范例

调控专业安全隐患排查治理范例一览表见表 1-1。

表 1-1 调控专业安全隐患排查治理范例一览表

编号	子类	分级	范　例	说　明
001	1. 通信	一般	××公司调度大楼出城的所有光缆在同一条沟道，且与强电电缆混合在一起，未分层布置，未采取有效防护措施	不满足《国家电网公司十八项电网重大反事故措施(修订版)》16.2.1.3"网、省调度大楼应具备两条及以上完全独立的光缆通道。电网调度机构、集控中心(站)、重要变电站、直调发电厂、重要风电场和通信枢纽站的通信光缆或电缆应采用不同路由的电缆沟(竖井)进入通信机房和主控室；避免与一次动力电缆同沟(架)布放，并完善防火阻燃和阻火分隔等各项安全措施，绑扎醒目的识别标志；如不具备条件，应采取电缆沟(竖井)内部分隔离等措施进行有效隔离。新建通信站应在设计时与全站电缆沟、架统一规划，满足以上要求。"16.2.1.2"电网调度机构与其调度范围内的下级调度机构、集控中心(站)、重要变电站、直调发电厂和重要风电场之间应具有两个及以上独立通信路由"要求，避免进入调度大楼光缆与强电电缆混合在同一条沟道时，一旦发生电力电缆起火或是遭外力破坏时，造成电力调度和信息通信全部中断

事故隐患常找，安全警钟长鸣

编号	子类	分级	范 例	说 明
002			××调度管理机构所属的××220kV变电站（××发电厂等）至调控中心通信通道为单路由	不满足《国家电网公司十八项电网重大反事故措施（修订版）》16.2.1.2"电网调度机构与其调度范围内的下级调度机构、集控中心（站）、重要变电站、直调发电厂和重要风电场之间应具有两个及以上独立通信路由。"16.2.1.6"电网调度机构与直调发电厂及重要变电站调度自动化实时业务信息的传输应具有两路不同路由的通信通道（主/备双通道）"的要求，当光缆遭受外力和其他因素影响中断时，造成调度中心与厂站间通信全部中断
003	1. 通信	一般	××公司通信机房（自动化机房）一套逆变电源出现故障不能正常工作，未及时修复，可能造成通信设备失电	
004			××市××路在进行全面改造（或××处在进行市政工程建设），途经该处的国网（省网）骨干光纤存在较大外破风险，可能造成通信电路中断	
005			××市道路建设及城市发展，城区部分跨道路通信光缆对地距离低于5.5m，易发生光缆因高度不够被来往车辆挂断、施工人为中断等外力破坏事故，可能造成通信电路中断	不满足《光缆通信线路维护规程》规定，城区跨道路通信光缆对地高度应不低于5.5m
006			××省电力公司通信电路（光纤）实行地市公司属地化维护管理，但地市电力公司维护单位没有相关基础资料和管理制度（台账、分界点、巡视检查制度、故障或事故处理联系沟通机制等），电路（光缆）故障（事故）处理不及时	通道故障容易造成事故或扩大事故

编号	子类	分级	范 例	说 明
007			××水电站调度电话录音主机没有自动覆盖功能，录音主机磁盘存满后，将无法对调度电话录音，造成录音数据丢失，无法实现事故调查录音取证	不满足《国家电网公司十八项电网重大反事故措施(修订版)》16.2.3.11"调度交换机运行数据应每月进行备份，调度交换机数据发生改动前后，应及时做好数据备份工作。调度录音系统应每月进行检查，确保运行可靠、录音效果良好、录音数据准确无误，存储容量充足"
008		一般	信息机房未按规定设置避雷、防静电设施，静电与电磁波干扰机房设备正常运行，导致磁盘读写错误以及损坏磁头，烧毁半导体器件	违反《国家电网公司信息机房管理规范》
009	1. 通信		核心交换机故障，将影响信息网络的正常运行，造成网络瘫痪，对生产办公造成重大影响	按照《国家电网公司安全事故调查规程》处理
010			××水电站××号机组通信故障，造成主站、子站无法通信，不能正常监视子站信息。无法完成对机组的监视、控制，不能保证机组的安全运行	该条属调度自动化专业范畴
011		事件	××220kV 变电站架空地线复合光缆(OPGW)在进站门型架处没有可靠接地，可能造成光缆被感应电压击穿而中断的危险	不满足《国家电网公司十八项电网重大反事故措施(修订版)》16.2.2.7"架空地线复合光缆(OPGW)在进站门型架处应可靠接地，防止一次线路发生短路时，光缆被感应电压击穿而中断"的要求
012			××220kV 变电站未将××线路 A 相结合滤波器引入通信室的高频电缆屏蔽层两端接至不等电位接地网铜排的隐患，易造成过电压反击，损坏通信设备损坏	《国家电网公司十八项电网重大反事故措施(修订版)》15.7.13结合滤波器引入通信室的高频电缆，以及通信室至保护室的电缆宜按上述要求敷设等电位接地网，并将电缆的屏蔽层两端分别接至等电位接地网的铜排

居安要思危，有备才无患

编号	子类	分级	范　例	说　明
013	2. 自动化	一般	××发电厂及 110kV 以上变电站端与自动化主站数据传输通道无纵向安全防护，存在从厂站端攻击主站端的可能性	不满足《发电厂一次系统安全防护方案》4.2 条、《变电站二次系统安全防护方案》5 及电监会关于电力二次系统安全防护要求
014			××自动化主站未部署生产控制大区的远程拨号认证服务器，存在外来攻击的可能性	不满足《电力二次系统安全防护总体方案》2.1.5 条关于电力二次系统安全防护要求
015			××公司调度自动化实时重要数据错误（或关键数据不准确），导致调度人员不能准确掌握电网运行工况，可能引起调度误操作	不满足《国家电网公司十八项电网重大反事故措施(修订版)》16.1.3.1 建立基础数据"源端维护、全网共享"的一体化维护使用机制和考核机制，利用状态估计等功能，督导考核基础数据维护工作，不断提高基础数据(尤其是 220kV 及以上电压等级电网模型参数和运行数据)的完整性、准确性、一致性和维护的及时性
016			××500kV（220kV）厂站端（或全部）远动通信单元为单机配置，发生故障时将导致厂站实时数据通信中断	不满足《国家电网公司十八项电网重大反事故措施(修订版)》16.1.1.1 "调度自动化系统的主要设备应采用冗余配置，服务器的存储容量和 CPU 负载应满足相关规定要求。"不满足《220～500kV 变电站计算机监控系统设计技术规程》5.3.6 "应配置双套远动通信设备"的要求
017			××供电公司调度自动化机房 UPS 交流供电电源为单电源接入（或两路供电电源来自同一电源点供电），上级电源故障或线路故障时，可能造成自动化信息中断	不满足《国家电网公司十八项电网重大反事故措施(修订版)》16.1.1.4 调度自动化主站系统应采用专用的、冗余配置的不间断电源装置（UPS）供电，不应与信息系统、通信系统合用电源。交流供电电源应采用两路来自不同电源点供电

编号	子类	分级	范　例	说　明
018			UPS 容量不满足需求，可能造成主站自动化设备在市电失电后，UPS 电源运行时间过短即退运，造成 SCADA 系统停运	不满足《电网调度系统安全生产保障能力评估》6.3.6.1 主站系统供电电源应配备专用的不间断电源装置（UPS）。UPS 的交流供电电源采用两路来自不同电源点的供电。UPS 电源应主/备冗余配置，任一台容量在带满主站系统全部设备后，应留有 40%以上的供电容量；UPS 在交流电消失后，不间断供电维持时间应不小于 1h
019	2. 自动化	一般	××变电站来自开关场电压互感器二次的 4 根引入线和电压互感器开口三角绕组的 2 根引入线未使用各自独立的电缆	不满足《国家电网公司十八项电网重大反事故措施（修订版）》15.7.4.2 交流电流和交流电压回路、不同交流电压回路、交流和直流回路、强电和弱电回路，以及来自开关场电压互感器二次的四根引入线和电压互感器开口三角绕组的两根引入线均应使用各自独立的电缆
020			××供电公司水调自动化系统单套配置，一旦单套系统故障，将导致调度人员无法准确掌握水电站水位等运行工况，可能错误下达调度命令、错误安排运行方式	不满足《国家电网公司十八项电网重大反事故措施（修订版）》16.1.1.1 调度自动化系统的主要设备应采用冗余配置，服务器的存储容量和 CPU 负载应满足相关规定要求
021			××供电公司调度自动化主站设备为单套电源供电，可能造成主站设备失电	不满足《国家电网公司十八项电网重大反事故措施（修订版）》16.1.1.4 中的"具备双电源模块的装置或计算机，两个电源模块应由不同电源供电"的要求

最大的隐患就是不知道隐患

编号	子类	分级	范 例	说 明
022	2. 自动化	一般	××供电公司视频会议室、通信系统电源由调度自动化不间断电源装置（UPS）供电，可能会造成 UPS 过载，造成主站自动化设备在市电失电后，UPS 电源运行时间过短即退运，造成 SCADA 系统停运	不满足《国家电网公司十八项电网重大反事故措施（修订版）》16.1.1.4 要求"调度自动化主站系统应采用专用的、冗余配置的不间断电源装置（UPS）供电，不应与信息系统、通信系统合用电源。交流供电电源应采用两路来自不同电源点供电。发电厂、变电站远动装置、计算机监控系统及其测控单元、变送器等自动化设备应采用冗余配置的不间断电源（UPS）或站内直流电源供电。具备双电源模块的装置或计算机，两个电源模块应由不同电源供电。相关设备应加装防雷（强）电击装置，相关机柜及柜间电缆屏蔽层应可靠接地"
023	3. 调度	一般	××调度中心未制定稳控装置策略整定管理规定和流程，或稳控装置、策略更新后，执行不及时，调度员未掌握何时执行、是否已经执行等情况	
024			电网基建、技改和大修后，××调度中心未能及时更新电网接线图、厂站接线图和电网参数、设备参数，调度员容易以此为依据给出错误指令	
025			××调度中心设备调度管辖范围（包括许可设备）变更后未及时发文明确	调度管辖界面不清
026			××地区电网，在某电网高峰时电容器组全部投入，若遇到电网扰动，母线电压低于调度部门下达的电压曲线下限，电压自动控制系统未能闭锁有载调压变压器分接头动作，会使电压更加恶化，极端情况将导致电压崩溃	《国家电网公司十八项电网重大反事故措施（修订版）》2.5.3.3 电网局部电压发生偏差时，应首先调整该局部厂站的无功出力，改变该点的无功平衡水平。当母线电压低于调度部门下达的电压曲线下限时，应闭锁接于该母线有载调压变压器分接头的调整

编号	子类	分级	范例	说明
027	3. 调度	一般	调度控制中心未根据电网实际情况及负荷增长情况及时调整各种安全自动装置的配置或整定值，在电网事故时有可能造成安控装置切负荷量未达标或切负荷过多，造成电网稳定破坏	《国家电网公司十八项电网重大反事故措施（修订版）》2.4.3.1 调度机构应根据电网的变化情况及时地分析、调整各种安全自动装置的配置或整定值，并按照有关规程规定每年下达低频低压减载方案，及时跟踪负荷变化，细致分析低频减载实测容量，定期核查、统计、分析各种安全自动装置的运行情况。各运行维护单位应加强检修管理和运行维护工作，防止电网事故情况下装置出现拒动、误动，确保电网三道防线安全可靠
028			××供电公司调度控制中心"黑启动"方案已两年未进行修编，与当前电网的实际情况不符，在电网大面积停电情况下，无法快速恢复厂站用电及重要用户供电	《国家电网公司十八项电网重大反事故措施（修订版）》2.2.3.5 根据电网发展适时编制或调整"黑启动"方案及调度实施方案，并落实到电网、电厂各单位
029	4. 保护	一般	220kV××线路微机保护两侧配置不一致，可能造成保护误动、拒动	不满足《微机保护软件管理规定》（国调中心〔2007〕19号）要求
030			220kV××线等线路两套主保护共用同一个通道	不满足《国家电网公司十八项电网重大反事故措施（修订版）》要求：线路纵联保护的通道（含光纤、微波、载波等通道及加工设备和供电电源等）应遵循相互独立的原则双重化配置
031			多条500kV线路均为双载波保护，当通道故障时，可能造成线路两套纵联保护同时退出运行	

全覆盖，勤排查，快治理

编号	子类	分级	范　例	说　明
032			××供电公司通信专业人员，未经继电保护专业人员同意，将一条 220kV 线路保护的其中一套保护的通道进行了调整，造成传输信号的时延不一致、信号可靠性下降等问题，严重时可能造成保护的误动和拒动	不满足《国家电网公司十八项电网重大反事故措施(修订版)》15.5.8 继电保护专业和通信专业应密切配合。注意校核继电保护通信设备（光纤、微波、载波）传输信号的可靠性和冗余度及通道传输时间，防止因通信问题引起保护不正确动作。15.5.9 加强对纵联保护通道设备的检查，重点检查是否设定了不必要的收、发信环节的延时或展宽时间
033			××供电公司没有制定符合本网实际情况的继电保护整定及定值管理规定并严格执行	
034			××公司××500kV(220kV)保护整定计算用参数没有实测	
035	4. 保护	一般	××供电公司未按时上报和下发综合阻抗并及时核查有关保护定值（或没有相关管理规定）	不满足 Q/GDW 422—2010《继电保护及安全自动装置电网整定计算规程》要求
036			××供电公司没有按规定管理和审核分界点定值，造成不同电压等级电网分界点保护定值失配（或没有相关管理规定）	
037			××供电公司，保护装置电流互感器二次绕组分配时，母差保护与线路保护范围无交叉重叠，造成电流互感器二次绕组死区故障时，母差保护及本线路保护拒动	不满足《国家电网公司十八项电网重大反事故措施(修订版)》5.1.1.6 在确定各类保护装置电流互感器二次绕组分配时，应考虑消除保护死区。分配接入保护的互感器二次绕组时，还应特别注意避免运行中一套保护退出时可能出现的电流互感器内部故障死区问题。为避免油纸电容型电流互感器底部事故时扩大影响范围，应将接母差保护的二次绕组设在一次母线的 L1 侧

编号	子类	分级	范 例	说 明
038			××供电公司保护检验工作没有按照标准化作业指导书要求做好安全措施，容易造成检验缺漏项或安全措施不完整，如保护联跳运行开关的连接片及相应的二次线没有拆除，在检验过程中可能造成开关误跳	不满足《国家电网公司十八项电网重大反事故措施（修订版）》15.5.1严格执行继电保护现场标准化作业指导书，规范现场安全措施，防止继电保护"三误"事故
039			110kV 及以上××间隔流变参数不满足继电保护运行要求，可能导致故障情况下流变饱和，引起继电保护装置不正确动作，造成电网事故，且在消缺周期内未整改	
040	4. 保护	一般	双重化配置保护装置的直流电源未取自不同蓄电池组供电的直流母线段，可能造成保护装置失灵，引起电网事故。在消缺周期内未得到整改	《国家电网公司十八项电网重大反事故措施》2.5 继电保护配置的原则要求中 3）双重化配置保护装置的直流电源应取自不同蓄电池组供电的直流母线段
041			××变电站 220kV××线路间隔的 2 套保护电源和通道电源交叉布置，其中一段直流电源故障停役时将造成 2 套保护功能同时失效，从而导致线路被迫停役	不满足《国家电网公司十八项电网重大反事故措施（修订版）》15.7.2 双重化配置的保护装置，须注意与其有功能回路联系设备（如通道、失灵保护等）的配合关系，防止因交叉停用导致保护功能的缺失
042			××电气安装公司在进行××变电站 220kV 间隔扩建工作中，未经查线就将开关端子箱进行二次接火，通入交流直流电源，由于端子箱内部接线错误，使交流电源直接接入站用直流系统中，受长电缆对地电容的影响极易造成断路器误跳闸	不满足《国家电网公司十八项电网重大反事故措施（修订版）》5.1.1.18.2 现场端子箱不应交、直流混装，现场机构内应避免交、直流接线出现在同一段或串端子排上

编号	子类	分级	范 例	说 明
043		重大	快速闸门控制系统动作不可靠，一旦控制系统出现故障，机组将失去最后的事故保护，造成出现机组损毁，水淹厂房，严重者将导致厂房损毁	
044			××水电站厂房渗漏泵浮子故障，易发生水淹厂房	
045		一般	××供电公司（××）保护装置超检验周期运行，或检验项目及报告不够完备，检验中存在漏项	应严格执行 DL/T 995—2006《继电保护和电网安全自动装置检验规程》
046	4. 保护		××水电站对开、停机、AGC、AVC 等重要的控制画面的修改，未在更改画面后对控制点链接进行校对，若控制点链接错误，会导致对机组控制的误操作	
047			××水电站××号机组电制动短路开关行程反馈接点变位，致使短路开关动作行程减小，造成短路开关接触不良，烧损短路开关以至机组启机升压时短路，保护作用停机或由于行程增大，烧损控制电机及对短路开关产生损坏性机械冲击	
048		一般	××水电站母线保护不完善，发生故障切除时间长，扩大停电范围，增加设备损害程度	
049			××水电站未设断路器失灵保护，跳开母线上所有断路器，造成大面积停电，甚至可能使电力系统瓦解，严重威胁电力系统安全、稳定运行	

编号	子类	分级	范 例	说 明
050			220kV××变电站未铺设全站二次抗干扰接地铜排，可能因电磁干扰造成继电保护装置不正确动作，且在消缺周期内未整改	不满足《国家电网公司十八项电网重大反事故措施(修订版)》要求
051	4. 保护	一般	220kV××线路断路器无双跳线圈，或单操作箱运行，可能造成断路器拒动，引起电网事故，且在消缺周期内未整改	不满足 GB/T 14285—2006《继电保护和安全自动装置技术规程》要求：两套主保护应分别动作于断路器的一组跳闸线圈
052			××变电站 220kV 母线保护未实现双重化，母线故障不能可靠切除故障，引起电网事故	不满足《国家电网公司十八项电网重大反事故措施》要求

防微杜渐，未雨绸缪

二、图例

1. 通信（见表 2-1～表 2-8）

表 2-1　　　　　　　　　通信安全隐患排查治理图例 1

隐患大类：调度及二次系统	编号：001	隐患子类：通信	隐患分级：一般

隐患范例：××公司调度大楼出城的所有光缆在同一条沟道，且与强电电缆混合在一起，未分层布置，未采取有效防护措施

图 2-1　光缆与高压电缆同沟

隐患危害：一旦发生电力电缆起火或是遭外力破坏时，将造成××公司的电力调度和信息通信中断

相关标准要求：根据《国家电网公司十八项电网重大反事故措施（修订版）》16.2.1.3 "网、省调度大楼应具备两条及以上完全独立的光缆通道。电网调度机构、集控中心（站）、重要变电站、直调发电厂、重要风电场和通信枢纽站的通信光缆或电缆应采用不同路由的电缆沟（竖井）进入通信机房和主控室；避免与一次动力电缆同沟（架）布放，并完善防火阻燃和阻火分隔等各项安全措施，绑扎醒目的识别标志；如不具备条件，应采取电缆沟（竖井）内部分隔离等措施进行有效隔离。新建通信站应在设计时与全站电缆沟、架统一规划，满足以上要求。" 16.2.1.2 "电网调度机构与其调度范围内的下级调度机构、集控中心（站）、重要变电站、直调发电厂和重要风电场之间应具有两个及以上独立通信路由"

隐患大类：调度及二次系统	编号：001	隐患子类：通信	隐患分级：一般

防范治理措施：

（1）近期防范控制措施：建立与一次线路部门的沟通联系制度，定期对光缆进行巡检，具备条件的路由段进行路由物理隔离；尽量采用不同光缆接入同一台传输设备，避免同缆分纤；组织冷备光缆，在主用光缆中断时，及时进行更换；将通信电缆沟不能与一次动力电缆沟物理分离时，应采取电缆沟内部分层分隔等措施进行有效隔离。

（2）远期防范治理措施：积极落实项目和资金建设地市公司调度大楼第二条光缆路由通道，实现光缆路由物理隔离，避免所有光缆经同一条沟道进入调度大楼

注：编号 001 对应于范例中表 1-1 的编号 001，余同。

发现一个隐患，消除一类隐患

表 2-2　　　　　　　通信安全隐患排查治理图例 2

隐患大类：调度及二次系统	编号：002	隐患子类：通信	隐患分级：一般

隐患范例：××省调调度管理的××大型企业所属的××220kV 变电站（××发电厂等）至省调控中心通信通道为单路由

220kV变电站

SDH光传输路径
（单路由，未形成
自愈环网）

省级电力
调控中心

图 2-2　××220kV 变电站（××发电厂等）至省调控中心通信通道

隐患危害：易受外力和其他因素影响引起调控中心与厂站间通信完全中断

相关标准要求：根据《国家电网公司十八项电网重大反事故措施（修订版）》16.2.1.2 "电网调度机构与其调度范围内的下级调度机构、集控中心（站）、重要变电站、直调发电厂和重要风电场之间应具有两个及以上独立通信路由。" 16.2.1.6 "电网调度机构与直调发电厂及重要变电站调度自动化实时业务信息的传输应具有两路不同路由的通信通道（主/备双通道）"

防范治理措施：
（1）近期防范控制措施：建立与一次线路部门的沟通联系制度，定期对光缆进行巡检，具备条件的路由段进行路由物理隔离；尽量采用不同光缆接入同一台传输设备，避免同缆分纤；组织冷备光缆，在主用光缆中断时，即时进行更换；重要变电站内引入光缆宜采用不同路由的电缆沟进入通信机房。
（2）远期防范治理措施：积极落实项目和资金建设重要变电站通信机房第二条光缆路由通道，实现光缆路由物理隔离，避免所有光缆经同一条沟道进入通信机房；可研设计阶段对电网调度机构与其调度范围内的重要变电站、大（中）型发电厂之间必须按双光缆双通道设计

表 2-3　　　　　　　通信安全隐患排查治理图例 3

隐患大类：调度及二次系统	编号：003	隐患子类：通信	隐患分级：一般

隐患范例： ××省（地市）电力公司通信机房（自动化机房）一套逆变电源出现故障不能正常工作

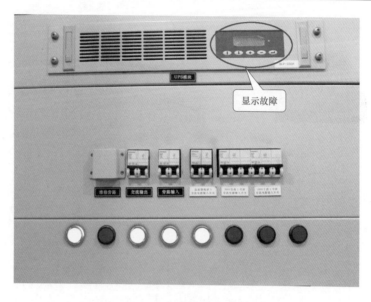

图 2-3　逆变电源出现故障

隐患危害： 可能造成通信设备失电，造成通信通道中断

相关标准要求： 根据《国家电网公司直流电源系统技术标准》（国家电网生〔2004〕634 号），通信机房应具备两套逆变电源，一主一备

防范治理措施：
（1）近期防范控制措施：加强对通信电源系统监控；检查空气开关有无并接设备，交流中断时，蓄电池能否正常投入；按要求定期对蓄电池进行核对性放电试验，满足按实际负荷放电至少 8h 的要求。
（2）远期防范治理措施：按规定在通信机房配置两套完整的通信电源系统，一套主用，一套备用；每套电源系统应包括 1 套高频开关电源、1 组蓄电池、1 个直流分配屏；通信电源设备所需交流电源，应由能自动切换的、可靠的、来自不同站用电母线段的双回路交流电源供电；对具备双电源输入能力的通信设备，应接入到两套电源系统中

事故隐患常找，安全警钟长鸣

表 2-4　　　　　　　通信安全隐患排查治理图例 4

隐患大类：调度及二次系统	编号：004	隐患子类：通信	隐患分级：一般

隐患范例： ××市城区××路在进行全面改造（或××处在进行市政工程建设）

图 2-4　市政工程建设时被损坏的骨干光纤

隐患危害： 途经该处的国网（省网）骨干光纤存在较大外破风险，可能造成通信线路中断

相关标准要求： 应根据《国家电网公司光缆运行维护管理规程》，普通架空光缆与市政设施、树木和其他建筑的最小垂直净距表及 ADSS 光缆与地面及交叉跨越物的最小净距表相关规定，进行相关市政工作建设

防范治理措施：
（1）根据《国家电网公司光缆运行维护管理规程》中关于普通架空光缆及 ADSS 光缆的最小净距规定进行施工，提前通知光缆运行维护所属省公司通信专业部门进行备案。
（2）加强巡视，重点部位派人蹲守

● 隐患险于明火，防范胜于救灾，责任重于泰山 ●

表 2-5			通信安全隐患排查治理图例 5				

隐患大类：调度及二次系统		编号：006	隐患子类：通信	隐患分级：一般

隐患范例：××省电力公司通信电路（光纤）实行地市公司属地化维护管理，但地市电力公司维护单位没有相关基础资料和管理制度（台账、分界点、巡视检查制度、故障或事故处理联系沟通机制等），电路（光缆）故障（事故）处理不及时

图 2-5　电力通信电路（光纤）基础资料及管理规定

隐患危害：分界点双方职责不清，责任落实不到位，事故处理不及时导致事故扩大

相关标准要求：根据《国家电网公司光缆运行维护管理规程》的规定，地市电力公司维护单位必须具备光缆维护的基础资料及管理制度，包括台账、分界点、巡视检查制度、故障或事故处理沟通机制、质量指标及报表制度等

防范治理措施：
（1）近期防范控制措施：根据《国家电网公司光缆运行维护管理规程》的规定，完善光缆维护的台账、分界点、巡视检查制度、故障或事故处理沟能机制、质量指标及报表制度等内容；对容易被刮、被盗、故障多发点设置警示标志；抢修储备物资充足。
（2）远期防范治理措施：对通信网络和光缆路由进行优化；采用不同光缆接入同一台传输设备，避免同缆分纤；组织冷备光缆，在主用光缆中断时，及时进行更换

44

居安要思危，有备才无患

表 2-6　　　　　　　　　　　**通信安全隐患排查治理图例6**

隐患大类：调度及二次系统	编号：008	隐患子类：通信	隐患分级：一般

隐患范例： 信息机房未按规定设置避雷、防静电设施

图 2-6　铺设防静电地板的信息机房

隐患危害： 静电与电磁波干扰机房设备正常运行，导致磁盘读写错误以及损坏磁头，烧毁半导体器件

相关标准要求： 根据《计算机网络信息中心建设与管理及运行维护实务手册》（书号 ISBN 7-88311-445-X）信息机房建设的规定：机房环境建设及机房防雷要求规定，信息机房要满足防雷及防静电的要求，确保网络设备的安全稳定运行

防范治理措施：
（1）近期防范治理措施：加装防静电保护环，在设备调试期间防止静电对设备的影响，对设备安装接地保护，防止雷击对设备的影响。
（2）长期防范措施：进行信息机房环境改造，安装防静电地板，对机房进行防静电屏蔽，对机房供电系统改造，安装避雷装置，满足信息机房环境建设的要求

表 2-7　　　　　　　　　　通信安全隐患排查治理图例 7

隐患大类：调度及二次系统	编号：009	隐患子类：通信	隐患分级：一般

隐患范例： 企业内部网络核心交换机故障

图 2-7　核心交换机图片

隐患危害： 核心交换机故障，将影响信息网络的正常运行，造成网络瘫痪，对生产办公造成重大影响

相关标准要求： 按照国家电网公司信息网络安全要求，信息网络建设应实现双路由、双核心交换机冗余备份的要求，确保信息网络的安全稳定运行

防范治理措施：
（1）近期防范治理措施：加强对核心交换机的巡回检查，定期进行网络配置的备份，加强核心交换机的配件管理，保障核心交换机的安全运行。
（2）中远期防范治理措施：申请购置一台核心交换机，实现信息网络的双核心冗余配置，确保信息网络的安全可靠运行

最大的隐患就是不知道隐患

表 2-8   **通信安全隐患排查治理图例 8**

隐患大类：调度及二次系统	编号：010	隐患子类：通信	隐患分级：一般

隐患范例：××水电站××号机组通信故障，造成主站、子站无法通信，不能正常监视子站信息

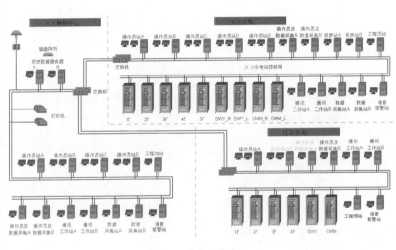

图 2-8   通信监控系统

隐患危害：无法完成对机组的监视、控制

相关标准要求：根据计算机监控系统检修规程 Q/JXSDJX-JS-01-04-34《计算机监控系统检修规程》，监控系统网络通信故障要实现自动切换

防范治理措施：现机组 PLC 网络部分配备了两套双冗余的通信网络模块，监控系统上位机配有网络监测软件，实时扫描网络工作状态，若发现网络故障及时报警，并进行自动网络切换。若发生机组双网同时故障，运行人员需及时将机组切现地控制

2. 自动化（见表2-9～表2-13）

表2-9 自动化安全隐患排查治理图例1

隐患大类：调度及二次系统	编号：013	隐患子类：自动化	隐患分级：一般

隐患范例：××发电厂及110kV以上变电站端与自动化主站数据传输通道无纵向安全防护

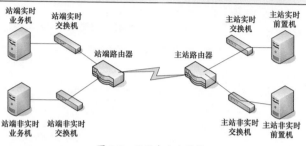

图 2-9　无纵向安全防护

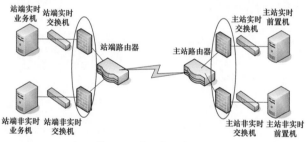

图 2-10　有纵向安全防护

隐患危害：存在从厂站端攻击主站端的可能性

相关标准要求：根据《国家电网公司十八项电网重大反事故措施（修订版）》15.1.3条及电监会关于电力二次系统安全防护要求。应加强对调度自动化主站各系统、发电厂和变电站的计算机监控系统及电力调度数据网络系统的安全防护，并满足《全国电力二次系统安全防护总体方案》的有关要求，完善安全防护措施和网络安全隔离措施，分区应合理，隔离要可靠

防范治理措施：
（1）应分别在主站端和给厂站端的生产控制大区的广域网边界加装纵向加密装置。
（2）纵向加密装置要求符合全国电力二次系统安全防护有关规定，通过电力行业的电磁兼容检测。
（3）严格控制加密装置的安全策略配置，保证数据通信安全

全覆盖，勤排查，快治理

表 2-10 自动化安全隐患排查治理图例 2

隐患大类：调度及二次系统	编号：014	隐患子类：自动化	隐患分级：一般

隐患范例：××自动化主站未部署生产控制大区的远程拨号认证服务器

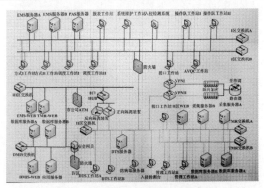

图 2-11 未部署远程拨号认证服务器

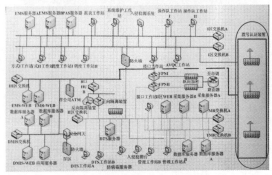

图 2-12 已部署远程拨号认证服务器

隐患危害：存在外来攻击的可能性

相关标准要求：根据《电力二次系统安全防护总体方案》2.1.5 关于电力二次系统安全防护要求，应加强对调度自动化主站各系统、发电厂和变电站的计算机监控系统及电力调度数据网络系统的安全防护，并满足《全国电力二次系统安全防护总体方案》的有关要求，完善安全防护措施和网络安全隔离措施，分区应合理，隔离要可靠

防范治理措施：
（1）应在自动化系统生产控制大区加装远程拨号认证服务器。
（2）加强系统主机和网络设备的远程拨号的管理。
（3）根据实际需要关闭不必要的共享目录，需要共享的目录将权限改为只读

隐患大类：调度及二次系统	编号：015	隐患子类：自动化	隐患分级：一般

隐患范例：××公司调度自动化实时重要数据错误（或关键数据不准确）

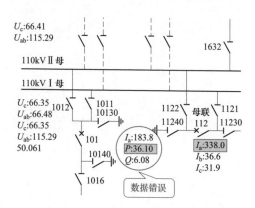

图 2-13   各回路电流及有无功测量值明显错误

隐患危害：调度人员不能准确掌握电网运行工况

相关标准要求：根据 Q/GDW 140—2006《交流采样测量装置运行检验管理规程》要求，交流工频量允许基本误差极限与等级指数的关系，在等级指数为 0.5 时，允许误差极限应在正负 0.5% 以内

防范治理措施：
（1）应根据变电站新投异动标准化作业流程要求，对各自动化信息量进行逐一调试验收，确保实时数据准确性。
（2）加强对设备的监视，确保系统运行正常。
（3）定期检查通信和网络设备，保证通道畅通有效

●隐患险于明火，防范胜于救灾，责任重于泰山

表 2-12	自动化安全隐患排查治理图例 4				
隐患大类：调度及二次系统		编号：016	隐患子类：自动化		隐患分级：一般

隐患范例： ××500kV（220kV）厂站端（或全部）远动通信单元为单机配置，发生故障时将导致厂站实时数据通信中断

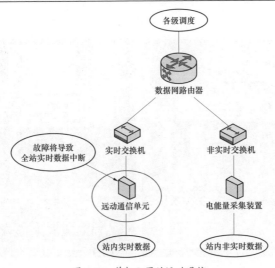

图 2-14 单机配置的远动通信

隐患危害： 由于远动通信单元电源故障、插件故障等引起远动通信单元发生故障造成与调度数据通信中断。使各级调度无法监视控制变电站一、二次设备运行状态。如远动通信单元还负责站内信息转发，那该站就地监控系统也将无法监视控制变电站一、二次设备运行状态

相关标准要求：
（1）DL/T 5149—2001《220kV～500kV 变电所计算机监控系统设计技术规程》规定"应设置双套远动通信设备"。
（2）《国家电网公司十八项电网重大反事故措施（修订版）》16.1.1.1 调度自动化系统的主要设备应采用冗余配置，服务器的存储容量和 CPU 负载应满足相关规定要求

防范治理措施：
（1）近期防范治理措施：值班员、监控班加强巡视，维护班组准备好备品备件。一旦出现故障，由运行人员汇报缺陷，维护班组立即处理。
（2）中远期防范治理措施：对班组上报的隐患情况进行核实，立即采购设备进行改造，增加一套远动通信单元以增加系统冗余性

居安要思危，有备才无患

表 2-13　　　　　　　自动化安全隐患排查治理图例 5

隐患大类：调度及二次系统	编号：021	隐患子类：自动化	隐患分级：一般

隐患范例：××供电公司调度自动化主站设备为单套系统配置（或一套系统故障未及时修复）

图 2-15　单系统配置　　　　　　　　　图 2-16　双系统配置

隐患危害：一旦发生故障可能造成自动化信息中断

相关标准要求：根据《国家电网公司十八项电网重大反事故措施（修订版）》16.1.1.1 调度自动化系统的主要设备应采用冗余配置，服务器的存储容量和 CPU 负载应满足相关规定要求

防范治理措施：
（1）应进行技术改造，保证主站各业务系统均为双机配置，具备主备自动切换功能。
（2）定期对主备系统自动投切功能进行试验，保证功能的顺利实现。
（3）加强设备巡视，保证设备运行状态良好

防微杜渐，未雨绸缪

3. 调度（见表2-14、表2-15）

表2-14 调度安全隐患排查治理图例1

隐患大类：调度及二次系统	编号：023	隐患子类：调度	隐患分级：一般

隐患范例： ××调度中心稳控装置、策略更新后，执行不及时，调度员未掌握何时执行、是否已经执行等情况

图2-17 调控中心

隐患危害： 易造成发生事故时，安全稳定装置不能及时、正确动作，扩大电网事故

相关标准要求： 根据国家电网《电网调度控制运行反违章指南（2012年版）》（调技〔2012〕25号）现象99"未针对电网运行薄弱点制定稳定控制措施或控制措施不正确"、现象100"未根据电网运行方式的变化及时调整安全自动装置的控制策略"和现象101"安全自动装置改造后，运行规定和运行说明未及时更新"的规定要求

防范治理措施： 省级调度部门应建立规范稳控装置策略整定管理规定和流程。根据电网运行方式的变化，及时梳理和修订安全自动装置的控制策略、动作定值，及时制定并下发稳定措施单，通知调度专业及现场落实执行，保证安全自动装置满足电网安全稳定运行的要求。同时应安排专人每月对稳控装置投退情况进行核查、记录

最大的隐患就是不知道隐患

表 2-15　　　　　　　　　调度安全隐患排查治理图例 2

隐患大类：调度及二次系统	编号：025	隐患子类：调度	隐患分级：一般

隐患范例：××调度中心设备调度管辖范围（包括许可设备）变更后未及时发文明确

关于下达 220 千伏 ×× 变电站送出工程

—110 千伏小六线开断相关调度命名编号的通知

局属各部门、车间：

　　220 千伏 ×× 变电站送出工程：110 千伏小六线 6#-7# 开断 π 接 220 千伏 ×× 变电站，将分别形成 110 千伏九小线和 110 千伏九子线，现将相关设备调度命名编号下达，请按通知要求做好生产投运准备工作，保证安全运行。

　　110 千伏小六线开断 π 接 220 千伏 ×× 变电站示意图及相应变电站设备调度命名编号图见附件。

　　220 千伏 ×× 变电站新投回路命名为九小 164、九子 174。

　　110 千伏 ×× 变电站小六 124 更名为九小 124。

图 2-18　调度中心在设备调度管辖范围（包括许可设备）变更后的发文

隐患危害：造成调度管辖界面不清，在工作或出现故障后无统一指挥，导致误调度、误操作

相关标准要求：根据国家电网《电网调度控制运行反违章指南（2012 年版）》（调技〔2012〕27 号）4.4.2 "应在设备命名编号文件中，明确新设备调度管辖范围，并在发文时送达相关各单位" 的规定要求

防范治理措施：在设备命名编号文件中，明确新设备调度管辖范围，并在发文时送达相关各单位

发现一个隐患，消除一类隐患

4. 保护（见表 2-16～表 2-27）

表 2-16 　　　　　　　　　　保护安全隐患排查治理图例 1

隐患大类：调度及二次系统	编号：029	隐患子类：保护	隐患分级：一般

隐患范例：220kV××线路微机保护两侧配置不一致，可能造成保护误动、拒动

图 2-19　线路一侧微机保护与对侧配置不一致

隐患危害：造成线路两侧保护不正确动作

相关标准要求：根据 DL/T 587—2007《微机继电保护装置运行管理规程》6.7.2 一条线路两端的同一型号微机纵联保护的软件版本应相同。如无特殊要求，同一电网内同型号微机保护装置的软件版本应相同

防范治理措施：
（1）近期防范治理措施：发现微机保护两侧配置不一致，及时通知继电保护管理部门，必要时停用相关保护，对相关微机保护软件程序进行升级整改，使两侧线路微机保护两侧配置一致。
（2）中远期防范治理措施：加强新投设备验收工作细致度，建立新投微机保护程序版本台账

表 2-17		保护安全隐患排查治理图例 2			
隐患大类：调度及二次系统		编号：030	隐患子类：保护		隐患分级：一般

隐患范例： 220kV××线等线路两套主保护共用同一个通道

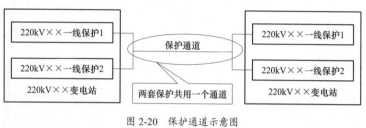

图 2-20　保护通道示意图

隐患危害： 当通道发生故障时，造成两套主保护同时退出运行

相关标准要求： 根据《国家电网公司十八项电网重大反事故反措（修订版）》15.2.1.6 线路纵联保护的通道（含光纤、微波、载波等通道及加工设备和供电电源等）、远方跳闸及就地判别装置应遵循相互独立的原则按双重化配置

防范治理措施：
（1）近期防范治理措施：发现线路两套主保护共用同一个通道，及时通知继电保护管理部门，及时进行整改。
（2）中远期防范治理措施：基建建设时期，加强验收，严格执行反措要求。杜绝此类隐患

事故隐患常找，安全警钟长鸣

表 2-18		保护安全隐患排查治理图例 3		
隐患大类：调度及二次系统		编号：031	隐患子类：保护	隐患分级：一般

隐患范例： 多条 500kV 线路均为双载波保护，当通道故障时，可能造成线路两套纵联保护同时退出运行

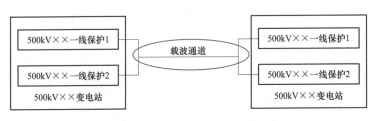

图 2-21　500kV 线路两套纵联保护均为载波通道

隐患危害： 当通道故障时，可能造成线路两套纵联保护同时退出运行

相关标准要求： 根据《国家电网公司十八项电网重大反事故措施（修订版）》15.3.3 纵联保护应优先采用光纤通道。双回线路采用同型号纵联保护，或线路纵联保护采用双重化配置时，在回路设计和调试过程中应采取有效措施防止保护通道交叉使用。分相电流差动保护应采用同一路由收发、往返延时一致的通道

防范治理措施：
（1）近期防范治理措施：对所有 500kV 线路保护通道进行全面排查，发现隐患，及时上报继电保护管理部门，制定出详细的整改方案，利用线路停电时期，对保护通道进行整改。
（2）中远期防范治理措施：基建规划设计阶段，加强保护图纸设计审查，严把验收环节。对于已投运保护，制定出整改计划，严格执行反措要求

●隐患险于明火，防范胜于救灾，责任重于泰山

表 2-19

保护安全隐患排查治理图例 4

隐患大类：调度及二次系统	编号：033	隐患子类：保护	隐患分级：一般

隐患范例：××供电公司没有制定符合本网实际情况的继电保护整定及定值管理规定并严格执行

××供电局继电保护

整定计算及定值通知单管理制度（试行）

第一章 总则

第一条 保护整定计算及定值通知单的有关规定。

第二条 高压系统保护装置的整定计算应符合《3～110kV 电网继电保护装置运行整定规程》及有关文件的规定，并随时满足系统运行方式的要求。

第三条 整定范围应与调度管辖范围相适应；发电厂内的变压器、发电机的保护装置一般由发电厂整定；变压器等非电量保护由检修公司整定。受理调度管辖范围以外的设备保护咨询，必须通过供电局有关部门同意并受理该项业务后，并根据委托书进行保护整定咨询工作。

第四条 局间或与地区电网的整定分界点上的定值限额和等值阻抗（包括最大、最小正序、零序等值阻抗）要求书面明确，并加盖公章。需要更改时，必须提前向对方提出。

图 2-22 保护整定及计算相关管理规定

隐患危害：继电保护整定及定值管理规定未按制度严格执行，容易出现保护误整定情况

相关标准要求：根据 DL/T 584—2007《3kV～110kV 电网继电保护装置运行整定规程》要求：为提高电网的继电保护运行水平，继电保护运行整定人员应及时总结经验，可根据运行整定规程的基本原则制定运行整定的相关细则

防范治理措施：制定符合本单位实际情况的继电保护整定计算及定值管理制度；编制本单位调度管辖范围内电网继电保护整定方案；按继电保护整定流程进行保护定值计算，并严格执行校核和审批流程；定值通知单严格执行定值单执行、返回及核对管理制度

居安要思危，有备才无患

表 2-20   **保护安全隐患排查治理图例 5**

隐患大类：调度及二次系统	编号：034	隐患子类：保护	隐患分级：一般

隐患范例：××公司××500kV（220kV）保护整定计算用参数没有实测

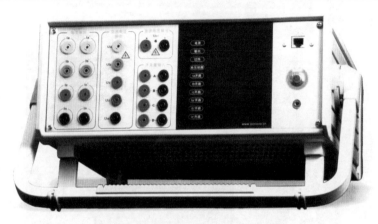

图 2-23   定值整定计算用参数应采用仪器实测

隐患危害：定值整定与实际不符，导致保护不正确动作

相关标准要求：根据 DL/T 559—2007《220kV～750kV 电网继电保护装置运行整定规程》4.1.1 整定计算所需的发电机、调相机、变压器、架空线路、电缆线路、并联电抗器、串联补偿电容器的阻抗参数均应采用换算到额定频率的参数值。

下列参数应使用实测值：① 三相三柱式变压器的零序阻抗；② 架空线路和电缆线路的零序阻抗；③ 平行线之间的零序互感阻抗；④ 双回线的同名相间的和零序的差电流系数；⑤ 其他对继电保护影响较大的有关参数

防范治理措施：

（1）近期防范治理措施：及时通知继电保护管理部门，必要时停用相关线路，实测相关参数，重新整定。

（2）中远期防范治理措施：及时与定值整定部门沟通，加强继电保护定值整定管理

表 2-21　　　　　　　　保护安全隐患排查治理图例 6

隐患大类：调度及二次系统	编号：035	隐患子类：保护	隐患分级：一般

隐患范例：××供电公司未按时上报和下发综合阻抗并未及时核查有关保护定值（或没有相关管理规定）

图 2-24　核查有关保护定值

隐患危害：未按时上报和下发综合阻抗并及时核查有关保护定值，可能导致保护整定计算定值与系统实际运行情况不对应，引起保护装置不正确动作

相关标准要求：根据《继电保护及安全自动装置运行管理规程》，整定分界点上的定值限额和等值阻抗（最大、最小正序、零序等值阻抗）由相关调度部门负责提供；整定分界点上的参数交换工作须定期进行，应于每年 3 月底以前完成

防范治理措施：每年 3 月底以前上报和下发综合阻抗并及时核查有关保护定值。确保保护定值计算正确并保证所辖电网继电保护定值执行正确，调度室、变电站、二次班保护定值一致，与现场装置实际置入定值相符

60　　　　　　最大的隐患就是不知道隐患

表 2-22	保护安全隐患排查治理图例 7				
隐患大类：调度及二次系统		编号：036	隐患子类：保护		隐患分级：一般

隐患范例：××供电公司没有按规定管理和审核分界点定值，造成不同电压等级电网分界点保护定值失配（或没有相关管理规定）

2.2 整定范围划分。

2.2.1 整定范围一般与调度管辖范围相适应。

2.2.2 发电厂（高压用户）厂（站）内的变压器、发电机的保护装置一般由发电厂（高压用户）整定。

2.2.3 变压器、并联电抗器、发电机的非电量保护以及过负荷启动风冷和闭锁有载调压定值由设备运行部门整定。

2.2.4 整定分界点上的定值限额和等值阻抗（包括最大、最小正序、零序等值阻抗）要求书面明确，并加盖公章，需要更改时，必须提前向对方提出，并按照局部服从全局和可能条件下全局照顾局部的原则，经双方协商，取得一致后，方可修改分界点上的限额，修改后，须报送上级调度部门备案，若因整定分界点定值限额和等值阻抗改变未及时向对方提供参数，导致对方相关保护装置误动，未提供参数方应负相应责任。

2.2.5 整定分界点上的定值限额和等值阻抗（最大、最小正序、零序等值阻抗）由相关调度部门负责提供。

图 2-25　相关管理规定

隐患危害：出现保护误动或拒动，引起越级跳闸，导致电网事故扩大

相关标准要求：
（1）每年根据上级主管部门提供的系统等值阻抗，及时校核本单位调度管辖范围的电网等值阻抗和分界点保护定值。
（2）将校核后的不同电压等级电网分界点的等值阻抗和分界点保护定值及时提供给分界点对侧的运行单位，以便进行分界点保护定值校核，满足相互定值配合的需要

防范治理措施：
（1）在电网运行方式出现较大变化或重要设备变更时，及时对相关保护定值进行校核和调整。
（2）保护的整定计算按照整定规程要求进行定值计算，并严格执行校核和审批流程。
（3）根据最新的电网运行方式及时修编继电保护整定方案

发现一个隐患，消除一类隐患

表 2-23　　　　　　　保护安全隐患排查治理图例 8

隐患大类：调度及二次系统	编号：045	隐患子类：保护	隐患分级：一般

隐患范例： ××供电公司（××）保护装置超检验周期运行，或检验项目及报告不够完备，检验中存在漏项

4.1 各间隔对地绝缘

检查项目	检查结果（单位：MΩ）	标准值
交流电压回路：	18	大于 10 MΩ
高压侧母线电压：JL-11 至 JL-16 对地：	18	大于 10 MΩ
操作保护直流回路：合格		
差动保护电源：P2-13/P2-12 对地：	√	大于 10 MΩ
高后备保护电源：P2-15/P2-14 对地：	√	大于 10 MΩ
低后备保护电源：P2-15/P2-14 对地：	√	大于 10 MΩ
高压侧操作电源：P32-9/P32-6 对地：	√	大于 10 MΩ
低压侧操作电源：P32-9/P32-6 对地：	√	大于 10 MΩ
中央信号回路		
差动保护：P2-1 对地：	√	大于 10 MΩ
高后备保护：P2-1 对地：	√	大于 10 MΩ
低后备保护：P2-1 对地：	√	大于 10 MΩ
本体/重动装置 P2-15 对地：	√	大于 10 MΩ
遥信回路		
差动保护：P3-1 对地：	√	大于 10 MΩ
高后备保护：P3-1 对地：	√	大于 10 MΩ
低后备保护：P3-1 对地：	√	大于 10 MΩ
本体/重动装置 P2-16 对地：	√	大于 10 MΩ
出口回路		
高压侧跳闸：P32-5 对地：	16	大于 10 MΩ
低压侧跳闸：P72-5 对地：	15	大于 10 MΩ
结论：合格		

4.2 出口网路之间的绝缘

图 2-26　检验中存在漏项

隐患危害： 保护装置检验超期，检验项目漏项，可能致使运行中的缺陷不能及时发现，导致保护装置误动误切负荷，或故障时装置拒动，扩大事故范围。威胁电网的安全稳定运行

相关标准要求： 根据 DL/T 995—2006《继电保护和电网安全自动装置检验规程》4.2.1 定期检验应根据本标准所规定的周期、项目及各级主管部门批准执行的标准化作业指导书的内容进行

防范治理措施：
（1）每年初根据设备的检验情况，健康水平以及一次设备的检修计划，制定所辖电网的继电保护年度检验计划，并在次年的工作中严格执行。
（2）检验作业严格按规程要求的内容进行，工作前制定好标准化作业卡，作业中严格执行，并按实记录。
（3）检验结束后，严格按照检验报告管理要求，对报告进行审核归档

全覆盖，勤排查，快治理

表 2-24　　　　　　　**保护安全隐患排查治理图例 9**

隐患大类：调度及二次系统	编号：046	隐患子类：保护	隐患分级：一般

隐患范例：××水电站对开、停机、AGC、AVC 等重要的控制画面的修改，未在更改画面后对控制点链接进行校对

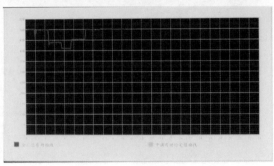

图 2-27　　××水电厂 AGC 控制画面

隐患危害：若控制点链接错误，会导致对机组控制的误操作

相关标准要求：根据计算机监控系统检修规程 Q/JXSDJX-JS-01-04-34，对机组开、停机、AGC、AVC 等重要的控制画面的修改，必须经过严格的校对，防止出错

防范治理措施：修改机组开、停机、AGC、AVC 等重要的控制画面时，必须开工作票，工作时需设专人监护，修改的控制点链接必须先经过离线测试正常后，再引入监控系统投入运行

事故隐患常找，安全警钟长鸣

63

表 2-25　　　　　　保护安全隐患排查治理图例 10

隐患大类：调度及二次系统	编号：047	隐患子类：保护	隐患分级：一般

隐患范例：××水电站××号机组电制动短路开关行程反馈接点变位

图 2-28　电制动短路开关行程反馈接点变位

隐患危害：电制动短路开关行程反馈接点变位，致使短路开关动作行程减小，造成短路开关接触不良，烧损短路开关以至机组启机升压时短路，保护作用停机或由于行程增大，烧损控制电机及对短路开关产生损坏性机械冲击

相关标准要求：根据《防止电力生产重大事故二十五项重点要求》中防止开关设备事故规定：加强辅助开关的检查维护，防止由于接点腐蚀、松动变位、接点转换不灵活、切换不可靠等原因造成开关设备拒动

防范治理措施：
（1）做好日常巡检，在开机前、停机后，对电制动短路开关行程接点进行检查，检查其完好性，发现异常，及时联系维护部门进行处理。
（2）在机组小修过程中，做好电制动动作试验，检查、校核短路开关行程。
（3）购置同型号开关接点备件

●隐患险于明火，防范胜于救灾，责任重于泰山

表 2-26　　　　　**保护安全隐患排查治理图例 11**

隐患大类：调度及二次系统	编号：048	隐患子类：保护	隐患分级：一般

隐患范例：××水电站母线保护不完善

隐患情况：存在事故隐患。××电站为双母线分列运行，目前是母线故障无主保护（快速保护），断路器无失灵保护。断路器失灵，依靠线路对端后备保护切除故障，切除故障时间长，延长设备遭受破坏时间，增加损坏程度；母线故障时，依靠机组后备（机组开机时）或线路对端后备切除故障，切除时间长，而且扩大故障切除范围。机组断路器无失灵保护及母线无主保护，危及系统安全稳定运行，发生故障时，扩大故障处理范围，危及系统安全

隐患危害：发生故障切除时间长，扩大停电范围，增加设备损害程度

相关标准要求：国家电网生技〔2005〕400 号文《国家电网公司十八项电网重大反事故措施（试行）》、国电发〔2000〕589 号文《防止电力生产重大事故的二十五项重点要求》等文件规定，220kV 母线保护应按照双重化配置

防范治理措施：
（1）加强母线保护改造项目进程，使二期母线保护快速投入运行。
（2）运行中若出现 SF_6 气压闭锁、低油压闭锁、断路器控制回路断线信号时，立即启动事故应急处理。
（3）立即汇报调度，联系转移负荷，联系对端解列，申请停机处理。
（4）在本侧电压逆变到零后，拉开线路侧隔离开关，防止因断路器失灵而引起事故扩大。
（5）同时联系生产班组及时到现场消缺。
（6）因设备发生故障，引起继电保护装置动作而断路器失灵时，确认对端跳闸后，立即紧急停机、灭磁。若无直流接地、直流母线电压过低信号时，手动操作，远方切除失灵断路器一次。仍然无法切除，执行上述（2）至（4）。若出现 SF_6 气压闭锁、低油压闭锁信号时，联系生产班组及时处理。同时汇报调度，申请对侧隔离故障点。
（7）做好记录及时上报相关部门备案

表 2-27　　　　　　保护安全隐患排查治理图例 12

隐患大类：调度及二次系统	编号：049	隐患子类：保护	隐患分级：一般

隐患范例：××水电站未设断路器失灵保护

隐患情况：××电站采用发变组单元接线，无断路器失灵保护，不满足国家电网生技〔2005〕400 号文《国家电网公司十八项电网重大反事故措施（修订版）》、国电发〔2000〕589 号文《防止电力生产重大事故的二十五项重点要求》等电力系统相关规定，存在电网和设备安全隐患。

××电厂依据相关规程、规范，按照国家电网公司对发电厂生产运行安全的要求，联合东北勘测设计院对××一期电站 220kV 断路器失灵保护进行了认真研究，赴现场深入详细调查、分析，并对调查情况进行总结，编制专题研究报告，确定治理方案如下：
××三条 220kV 线路白东南线、白梅甲线和白梅乙线各增加一套失灵启动装置。
本期增设失灵保护，需完善以下接口工作：
1）××白东南线（白梅甲线、白梅乙线）、厂用变压器 21B220kV 断路器操作控制回路；
2）××1 号（2、3 号）发电机-变压器组保护屏与本期断路器失灵保护装置接口回路；
3）××白东南线（白梅甲线、白梅乙线）线路、厂用电 21B 保护装置与本期失灵保护装置接口回路；
4）户外开关站 220kV 断路器电缆敷设、安装、调试；
5）××白东南线（白梅甲线、白梅乙线）线路保护屏、21B 保护屏至断路器失灵保护装置电缆敷设、安装调试；
6）××白东南线（白梅甲线、白梅乙线）发电机-变压器组保护屏至断路器失灵保护装置电缆敷设、安装调试；
7）控制电源、监控系统、电力系统对侧线路保护装置等其他设备的接口安装、调试。
目前断路器失灵启动装置已经安装完毕，二次回路调试进行中

隐患危害：跳开母线上所有断路器，造成大面积停电，甚至可能使电力系统瓦解，严重威胁电力系统安全、稳定运行

相关标准要求：根据《防止电力生产重大事故二十五项重点要求》中防止继电保护事故规定：220kV 电压等级线路、变压器、高压电抗器、串联补偿装置、滤波器等设备微机保护应按双重化配置。每套保护均应含有完整的主、后备保护，能反应被保护设备的各种故障及异常状态，并能作用于跳闸或给出信号

防范治理措施：
（1）发电部加强设备巡视，按照例行工作每天 2 次巡回，密切监视断路器操作机构储能弹簧、油泵压力、SF_6 密度等；加强直流电源系统的巡视和管理，发现异常及时上报及时处理。
（2）春秋检做好预防性试验、断路器性能试验，确保一次设备绝缘正常，断路器同期操作正常。
（3）加强线路、发电机-变压器组继电保护装置检验，对二次控制回路联动试验要做细做全，保证检修质量，确保断路器控制回路无异常。切实维护好断路器位置发信、发电机-变压器组差动保护发信回路，保证主设备或线路故障引起断路器失灵时，能够通过启动线路保护发信使对侧纵联保护跳闸。检验周期随春秋季设备检修进行(半年 1 次)。
（4）生产技术部针对可能出现的异常做好事故应急预案，确保备品备件充足

防微杜渐，未雨绸缪

他山之石：哲理小故事之三

扁鹊的医术

哲理小故事

　　魏文王问名医扁鹊说："你们家兄弟三人，都精于医术，到底哪一位最好呢？"

　　扁鹊答："长兄最好，中兄次之，我最差。"

　　文王再问："那么为什么你最出名呢？"

　　扁鹊答："长兄治病，是治病于病情发作之前。由于一般人不知道他事先能铲除病因，所以他的名气无法传出去；中兄治病，是治病于病情初起时。一般人以为他只能治轻微的小病，所以他的名气只及本乡里。而我是治病于病情严重之时。一般人都看到我在经脉上穿针管放血、在皮肤上敷药等大手术，所以以为我的医术高明，名气因此响遍全国。"

感悟和启示

　　事后控制不如事中控制，事中控制不如事前控制，可惜大多数人均未能体会到这一点，等到错误的决策造成了重大的损失才寻求弥补。而往往是即使请来了名气很大的"空降兵"，结果仍于事无补。

　　排查治理安全隐患类似于给病人把脉问诊，排查隐患要从小处入手，做到细致入微，找出病因，开出药方；治理隐患要注重及时、有效，做到所有隐患立即快速整改，否则，小洞不补，大洞吃苦。

　　希望你成为电力安全隐患排查治理的名医"扁鹊"。

国家电网公司
STATE GRID
CORPORATION OF CHINA

信息通信专业

一、范例

信息通信专业安全隐患排查治理范例一览表见表1-1。

表 1-1 　　　　信息通信专业安全隐患排查治理范例一览表

编号	子类	分级	范　例	说　明
001	1. 安全防护	一般	××公司信息系统的个别系统数据库超级管理员账户管理松懈，该账户拥有数据库所有权限，存在空、弱口令，对信息数据的安全产生严重威胁	违反《国家电网公司信息系统口令管理暂行规定》第二章
002			××公司无线局域网（信息外网）安全接入权限存在漏洞	违反《国家电网公司信息系统安全管理办法》
003	2. 物理环境	一般	信息机房未采取区域隔离防火措施，未配置火警监测及专用灭火装置	采用区域隔离防火措施，可以在火灾中保护重要设备，减少火灾对整个系统的影响
004			信息机房防失电措施不完善，电源 UPS 管理职责不清，易发生机房失电，设备全停、数据丢失的事故隐患	违反《国家电网公司信息机房管理规范》8. 电源管理要求
005			信息机房未严格执行接地、防静电等定期检查措施，易造成设备大规模损坏的信息安全事故	违反《国家电网公司信息机房管理规范》
006			私自搭建互联网出口或利用非正常渠道链接互联网	违反《国家电网公司信息系统安全管理办法》
007			信息机房附近有强电磁干扰源，且未采取屏蔽措施	强电磁场影响设备安全稳定运行
008	3. 网络安全	一般	内外网未进行强隔离	为外网计算机攻击和闯入内网系统创造了机会
009			内网计算机违反规定上外网	造成机密泄露且易把外网病毒引入信息内网
010			安全设备策略配置不完备	增大受攻击的风险和范围
011			未经信息部门安全检测及许可、擅自将外来人员计算机接入信息内网及外网	造成信息泄露、增大受攻击风险

最大的隐患就是不知道隐患

编号	子类	分级	范　例	说　明
012			重要链路、核心网络设备、核心汇聚及重要安全设备未进行冗余配置，易发生大规模网络中断、应用服务中断的信息安全事故	采用冗余链路及网络设备、采用热备份冗余协议，可以防止单点故障引起大面积网络停运
013			涉密设备未做安全防护，办公计算机违规存放涉密信息（文件），或违规带离办公场所、交给外单位人员检修	导致机密信息泄露
014	3. 网络安全	一般	对信息系统进行操作不履行工作票制度，可能导致不可控的隐患	《国家电网公司信息机房管理规范》（信息计划〔2006〕79号）：9.6 工作票管理 9.6.1 对信息机房内的设备，并涉及以下内容的信息网络操作行为，必须填写工作票：①应用系统及操作系统的安装与升级；②应用系统退出运行；③数据库的安装与升级；④数据库退出运行；⑤网上设备（不含终端）的投运与停运；⑥网上设备（不含终端）的停电检修；⑦设备供电电源的倒换；⑧涉及局域网络及广域网络运行的设备参数调整；⑨涉及局域网络及广域网络运行的网络拓扑结构调整；⑩其他可能对系统运行造成影响的操作
015			重要信息数据备份介质保管环境隐患具有磁场、阳光直射、受潮	造成介质损坏，备份信息丢失
016	4. 数据安全	一般	设备及线缆标识不清，存在误操作设备及线缆的风险	《国家电网公司信息机房管理规范》（信息计划〔2006〕79号）：5.4 信息机房运行环境：其中，⑤设备应有标识，标识内容至少包含设备名称、维护人员、设备供应商、投运日期、服务电话，IP 设备应有 IP 地址标识；⑥网络交换机已使用的端口、网络线、配线架端口都应有标识，标识内容应简明清晰，便于查对

编号	子类	分级	范例	说明
017	4. 数据安全	一般	未按规定对数据及时进行备份	易造成系统软硬件故障时导致数据大量缺失
018	5. 服务外包管理	一般	未与外包单位签订安全协议，外包单位不清楚公司信息安全和保密规定，易造成信息安全及泄密事故	违反《国家电网公司办公计算机信息安全和保密管理规定》《国家电网公司信息系统运行维护规程》
019	6. 应用系统安全	一般	未开展系统上下线管理，应用系统上线前未经过安全基线测试，很可能留下重大安全隐患	未按国家电网信息〔2009〕1277号《关于印发《国家电网公司信息系统上下线管理办法》的通知》进行系统上下线管理

二、图例

1. 安全防护（见表 2-1、表 2-2）

表 2-1 安全防护安全隐患排查治理图例 1

隐患大类：信息通信	编号：001	隐患子类：安全防护	隐患分级：一般

隐患范例： 信息系统数据库超级权限

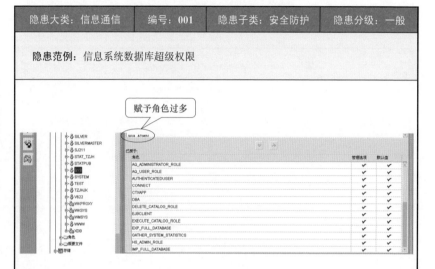

图 2-1 信息系统数据库

隐患危害： ××公司信息系统的个别系统数据库超级管理员账户管理松懈，导致该账户拥有不该有的数据库权限，对信息数据的安全产生严重威胁，造成 6～7 级信息安全事故

相关标准要求： 根据 GB/T 22239—2008《信息系统安全等级保护基本要求》等保三级 7.1.3.2 章节 b 小节描述要求，应根据管理用户的角色分配权限，实现管理用户的权限分离，仅授予管理用户所需的最小权限

防范治理措施：
（1）加强数据库超级管理员权限管理，定期检查超级管理员权限，根据使用情况进行超级管理员权限微调。
（2）数据库启用审计功能，防止超级管理员操作无事后审计分析

事故隐患常找，安全警钟长鸣

表 2-2 　　　　　　　　　安全防护安全隐患排查治理图例 2

隐患大类：信息通信	编号：002	隐患子类：安全防护	隐患分级：一般

隐患范例： 无线局域网（信息外网）安全接入权限存在漏洞

图 2-2　局域网权限管理界面

　　隐患危害： ××公司无线局域网（信息外网）安全接入权限存在漏洞，导致数据泄密，容易造成 6～7 级信息安全事件

　　相关标准要求： 根据 GB/T 22239—2008《信息系统安全等级保护基本要求》等保三级 7.1.2.4 章节 a 小节描述要求，应能够对非授权设备私自联到内部网络的行为进行检查，准确定出位置，并对其进行有效阻断

防范治理措施：
（1）无线局域网接入采用 802.1X 接入认证，可使用 Mac 认证或证书认证。
（2）采用无线 NIPS，进行无线接入过滤，防止无线安全接入 AP 无认证或无相关安全策略问题。
（3）公司采用用户名和密码进行验证

●隐患险于明火，防范胜于救灾，责任重于泰山

2. 物理环境（见表2-3、表2-4）

表2-3 物理环境安全隐患排查治理图例1

隐患大类：信息通信	编号：003	隐患子类：物理环境	隐患分级：一般

隐患范例： 信息机房未采取区域隔离防火措施

图 2-3　未进行隔离防火措施的机房　　　　图 2-4　安装防火玻璃的机房

隐患危害： 信息机房未布置区域隔离防火措施，一般设备起火时会引发重要设备火灾，导致信息系统停运，造成6级信息安全事件隐患

相关标准要求： 根据 GB/T 22239—2008《信息系统安全等级保护基本要求》等保三级7.1.1.5章节描述要求。信息机房应设置自动检测火情、自动报警、自动灭火的自动消防系统，自动消防系统摆放位置合理，并且在有效期内；自动消防系统应工作正常，运行记录、报警记录、定期检查和维修记录。机房应采取区域隔离防火措施，将重要设备与其他设备隔离开

防范治理措施：
（1）将机房根据用途划分为多个区域，如网络设备机房、服务器机房、电源机房或专用系统机房等，彼此之间进行防护隔离。
（2）机房根据相应防护要求进行防火器材准备，通过灭火器、气体灭火、烟感等装备进行物理防护

表 2-4　　　　　　物理环境安全隐患排查治理图例 2

隐患大类：信息通信	编号：007	隐患子类：物理环境	隐患分级：一般

隐患范例： 信息机房强电磁干扰

图 2-5　信息机房强电磁干扰

隐患危害： 信息机房附近有强电磁干扰源，且未采取屏蔽措施，影响设备安全稳定运行，导致信息系统运行不稳定或者系统停运，造成 6～7 级安全事件隐患

相关标准要求： 根据 GB/T 22239—2008《信息系统安全等级保护基本要求》等保三级 7.1.1.10 章节描述要求，应对关键设备和磁介质实施电磁屏蔽

防范治理措施：
（1）信息机房进行电磁防屏蔽装修，屏蔽强电磁干扰。
（2）信息机房不方便进行大规模装修的情况下，对部分敏感设备可采用迁移至电磁屏蔽机柜

防微杜渐，未雨绸缪

3. 网络安全（见表 2-5～表 2-8）

表 2-5 　　　　　　　　网络安全安全隐患排查治理图例 1

隐患大类：信息通信	编号：008	隐患子类：网络安全	隐患分级：一般

隐患范例：内外网未进行强隔离

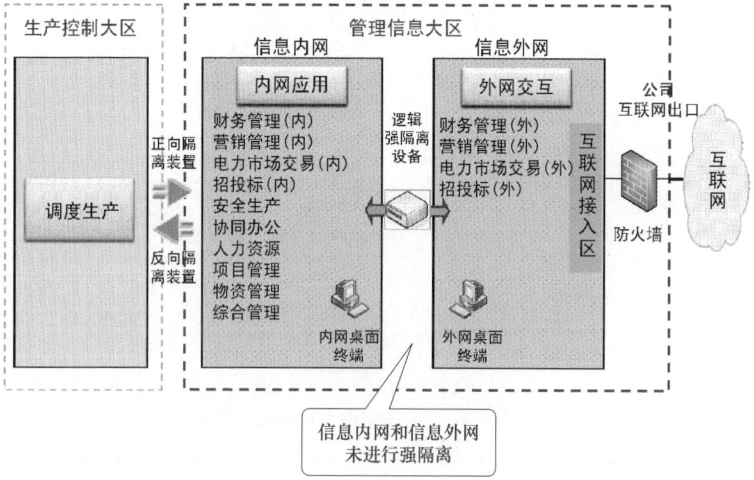

图 2-6　内外网未进行强隔离

隐患危害：信息内网和信息外网未进行强隔离，为外网计算机攻击和闯入内网系统创造了机会，造成 6～7 级安全事件隐患

相关标准要求：根据 GB/T 22239—2008《信息系统安全等级保护基本要求》等保三级 7.1.2.1 章节 f 小节描述要求，应避免将重要网段部署在网络边界处且直接连接外部信息系统，重要网段与其他网段之间采取可靠的技术隔离手段

防范治理措施：信息内网和外网进行物理隔离，定期检查信息内外网网络设备，预防信息内外网混用

表 2-6 　　　　　　　　　　网络安全安全隐患排查治理图例 2

隐患大类：信息通信	编号：009	隐患子类：网络安全	隐患分级：一般

隐患范例：内网计算机违规上外网

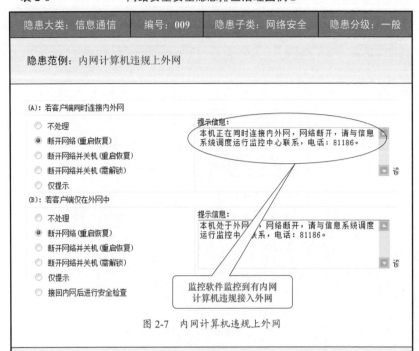

图 2-7 　内网计算机违规上外网

隐患危害： 内网计算机违反规定上外网，造成机密泄漏且易把外网病毒引入信息内网，造成 6～7 级安全事件隐患

相关标准要求： 按照国家电网信息〔2009〕434 号关于印发《国家电网公司办公计算机信息安全和保密管理规定》的通知精神，将信息安全管理纳入反违章进行管理，内网计算机违反规定上外网属于严重违章

防范治理措施：
（1）新购计算机在接入公司信息网络前必须先将桌面终端管理系统客户端打包成安装程序，用优盘拷贝到新电脑，然后安装桌面终端管理软件。
（2）重新安装操作系统的电脑须先拔掉网线，用优盘将桌面终端管理软件客户端拷贝到电脑上进行安装后再接入网络。
（3）禁止员工自行格式化工作用电脑，严禁采用不符合要求的系统安装盘安装系统

发现一个隐患，消除一类隐患

表 2-7 网络安全安全隐患排查治理图例 3

隐患大类：信息通信	编号：010	隐患子类：网络安全	隐患分级：一般

隐患范例： 安全设备策略配置不完备

图 2-8　完全设备策略配置不完备

隐患危害： 安全设备策略配置不完备，增大设备受攻击的风险和范围，造成 6～7 级安全事件隐患

相关标准要求： 根据《信息安全技术信息系统安全等级保护基本要求》等保三级 7.1.2.2 章节 b 小节描述要求，应能根据会话状态信息为数据流提供明确的允许/拒绝访问的能力，控制粒度为端口级；c 小节描述要求，应对进出网络的信息内容进行过滤，实现对应用层 HTTP、FTP、TELNET、SMTP、POP3 等协议命令级的控制；g 小节描述要求，应按用户和系统之间的允许访问规则，决定允许或拒绝用户对受控系统进行资源访问，控制粒度为单个用户

防范治理措施：
（1）详细调研网络安全需求，细化网络安全策略。
（2）按照预定网络安全策略方案，进行安全设备策略配置，要求细粒度至详细 IP 地址，端口，时间五元组。
（3）安全设备自身安全配置要求进行控制，例如设备管理地址限制，只允许加密协议对设备进行管理等

表 2-8　　　　　　　　　**网络安全安全隐患排查治理图例 4**

隐患大类：信息通信	编号：013	隐患子类：网络安全	隐患分级：一般

隐患范例：涉密设备未做安全防护

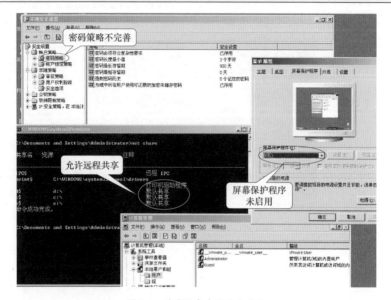

图 2-9　涉密设备未做安全防护

隐患危害：涉密设备未做安全防护，导致机密信息泄露，造成 6～7 级安全事件隐患

相关标准要求：根据《信息安全技术信息系统安全等级保护基本要求》等保三级 7.1.5.2 章节 a 小节描述要求，应采用加密或其他有效措施实现系统管理数据、鉴别信息和重要业务数据传输保密性；b 小节描述要求，应采用加密或其他保护措施实现系统管理数据、鉴别信息和重要业务数据存储保密性

防范治理措施：
（1）涉密设备需安装杀毒软件或主机入侵防御软件，防止设备因感染病毒或木马导致涉密信息泄露。
（2）涉密设备需安装非法外联监控系统（含主机审计功能），防止涉密文件通过广域网或互联网意外泄露。
（3）涉密设备可安装 DLP 系统客户端，对涉密文件进行保护，非授权客户端无法正常打开相关文件，从而保护相关文件

事故隐患常找，安全警钟长鸣

4. 数据安全（见表 2-9、表 2-10）

表 2-9　　　　　　　　　　数据安全安全隐患排查治理图例 1

隐患大类：信息通信	编号：015	隐患子类：数据安全	隐患分级：一般

隐患范例： 重要信息数据备份介质保管

图 2-10　备份介质受潮

图 2-11　备份介质被阳光直射

隐患危害： 重要信息数据备份介质保管环境具有磁场、阳光直射、受潮等问题，造成介质损坏、备份信息丢失，造成 6～7 级安全事件隐患

相关标准要求： 根据《信息安全技术信息系统安全等级保护基本要求》等保三级 7.1.5.3 章节 a 小节描述要求，重要信息数据备份介质保管环境（机房）应具备防磁场干扰、防阳光直射、防潮等功能

防范治理措施：
（1）重要信息数据备份采用双备份或多备份保护机制，一采用网络异地备份，二采用本地磁盘介质定期备份，三采用专用磁盘阵列光通道快速备份。
（2）加强介质管理，将介质存放于干燥通风处，严禁介质受到电磁、阳光直射、受潮等影响

表 2-10   数据安全安全隐患排查治理图例 2

隐患大类：信息通信	编号：017	隐患子类：数据安全	隐患分级：一般

隐患范例：未按规定对数据及时进行备份

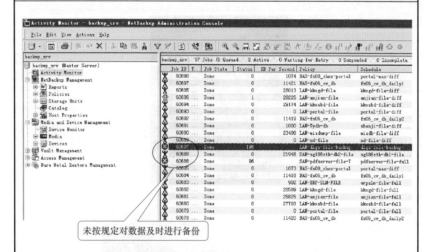

未按规定对数据及时进行备份

图 2-12　未按规定对数据及时进行备份

隐患危害：未按规定对数据及时进行备份，导致数据可能丢失或损毁，造成 6～7 级安全事件隐患

相关标准要求：根据《信息安全技术信息系统安全等级保护基本要求》等保三级 7.1.5.3 章节 a 小节描述要求，应提供本地数据备份与恢复功能，完全数据备份至少每天一次，备份介质场外存放；b 小节描述要求，应提供异地数据备份功能，利用通信网络将关键数据定时批量传送至备用场地

防范治理措施：
（1）采用智能磁盘阵列定期备份。
（2）定期安排工作人员进行数据手工备份。
（3）采用定时任务进行网络异地远程备份数据

居安要思危，有备才无患

曲突徙薪

有位客人到某人家里做客，看见主人家的灶上烟囱是直的，旁边又有很多木材。客人告诉主人说，烟囱要改曲，木材须移去，否则将来可能会有火灾，主人听了没有作任何表示。不久，主人家里果然失火，四周的邻居赶紧跑来救火，最后火被扑灭了，于是，主人烹羊宰牛，宴请四邻，以酬谢他们救火的功劳，但并没有请当初建议他将木材移走、烟囱改曲的人。

有人对主人说："如果当初听了那位先生的话，今天也不用准备筵席，而且没有火灾的损失，现在论功行赏，原先给你建议的人没有被感恩，而救火的人却是座上客，真是很奇怪的事呢！"主人顿时省悟，赶紧去请当初给予建议的那个客人。事后，主人新建厨房时，就按那位客人的建议，把烟囱砌成弯曲的，柴草也放到安全的地方去了。

哲理小故事

感悟和启示

　　预防重于治疗，防患于未然，胜于治乱于已成。做好隐患排查治理，务必立足预防，坚持排查和治理并重。这个故事充分说明"隐患险于明火"、"防范胜于救灾"。

　　有两只同住在一个窝里的乌鸦兄弟，它们住的窝破了一个洞。老大想，老二会去修的；老二想，老大会去修的，结果谁也没去修。后来洞越来越大了，老大想，这下老二一定会去修了，老二也这么想。结果又是谁也没修。一直到了冬天，乌鸦兄弟的窝被风吹到地上，它俩都冻僵了。

　　"隐患猛于虎"，这句话大家都知道，但是在生活、生产过程中，有些人和寓言故事中的兄弟俩很相似，不重视隐患，最后酿成大祸。所以对发现的安全隐患一定要想方设法及时排除，决不能推诿扯皮，更不能任其发展而埋下更大的安全隐患！